甘薯品种资源

彩色图鉴

商丘市农林科学院 组织编写
雷书声 编绘

中国农业科学技术出版社

图书在版编目（CIP）数据

甘薯品种资源彩色图鉴 / 雷书声编绘；商丘市农林科学院组织编写. --北京：中国农业科学技术出版社，2022. 7

ISBN 978-7-5116-5751-0

Ⅰ. ①甘…　Ⅱ. ①雷…②商…　Ⅲ. ①甘薯－品种资源－图谱　Ⅳ. ①S531-64

中国版本图书馆CIP数据核字（2022）第 072687 号

责任编辑　周　朋
责任校对　李向荣
责任印制　姜义伟　王思文

出 版 者　中国农业科学技术出版社
北京市中关村南大街 12 号　　邮编：100081
电　　话　（010）82106631（编辑室）　（010）82109702（发行部）
（010）82109709（读者服务部）
网　　址　https: // castp.caas.cn
经 销 者　各地新华书店
印 刷 者　北京建宏印刷有限公司
开　　本　148 mm × 210 mm　1/32
印　　张　9.375
字　　数　225 千字
版　　次　2022 年 7 月第 1 版　　2022 年 7 月第 1 次印刷
定　　价　88.00 元

序 言

PREFACE

甘薯在我国又叫红薯、白薯、山芋、地瓜、番薯等。原产于热带，分布于南美洲智利、秘鲁等国。15 世纪末传到欧洲，16 世纪初传到亚洲。何时传入我们中国的？清乾隆年间陈世元在《金薯传习录》中详述：明朝万历年间，福建长乐人陈振龙在菲律宾经商，发现番薯（甘薯）好吃，便将薯藤和木船上的纤绳绕在一起带回中国。由陈振龙之子陈经纶向时任福建巡抚的金学曾献薯藤禀帖，金学曾巡抚批示：诚恐土性不合，所献藤是否可种可传，尔父既为民食计，速觅地试种。在金学曾支持下，试种薯藤已经结薯，薯块子母相连，小如拳、大如臂，味同梨枣，食可充饥。制熟而食，味果甘平，可作谷食，令各属下依法栽种。陈振龙及儿子陈经纶、孙子陈以桂，陈以桂的儿子陈世元及陈世元的三个儿子，同心协力推广甘薯。向东传到了山东胶州，向西传到了河南朱仙镇，向北传到了河北通州（现北京通州一带）及北京齐化门（朝阳门）外等地。这是从水路而来，还有从越南传入的陆路之说。

甘薯传入后，由于我国地域幅员辽阔，南北生态条件差异很大，在生产栽培过程中，经历薯窖贮藏、苗床育苗、本田抗旱防涝和防治病虫害多个环节，自然和人为因素造成优良品种的混杂和退化，大大降低了良种的产量和品质。对于混杂和退化了的品种，应认真地进行提纯复壮，使优良品种的优良性状尽快恢复和提高。作为工具书，本书《甘薯品种资源彩色图鉴》对品种提纯复壮工作将起到重要作用。

中国农业科学院 1979 年 2 月在安徽省合肥市召开了全国农作物品种资源工作会议，甘薯界出席两名代表，一是中国农业科学院原薯类研究所前所长张必泰先生，另一个是我。张必泰先生是老一辈科学家，对甘薯科研育种事业贡献很大；我当时是中年人，年龄上有着承上启下的优势。我对甘薯品种资源工作有着特别的兴趣，总觉得时间不够用，常在甘薯工作室忙到凌晨一点钟以后。开始几年人手少，只有我一个科研人员，也不觉得累，忙碌湮没了一切。合肥会议后，农业出版社（现中国农业出版社）和中国农业科技出版社（现中国农业科学技术出版社），先后给我出版了两本甘薯品种资源方面的书。1994 年夏，甘薯专家盛家廉老先生患病在家，身体非常虚弱，我到他家探望，先生坚持到书房和我交谈，每每说到品种资源方面时，我们两个人兴致都很高，他好像忘了自己是个病人。话说到最后，他兴奋地高高竖起拇指说，“你老雷是实干家”。这是盛先生生前与我的最后一次见面和交谈。每次想到盛先生我都要流泪。

在全国甘薯界同行们的帮助下，这次书稿选取了 145 个有代表性的农家品种、育成品种和国外引进品种。为对甘薯品种的特征、特性等 30 余项指标进行田间观察、调查、记载，连续 3 年共安排 6 期田间试验，同时用表格形式和育种单位、品种保存单位及具体科研人员进行品种查对。对于兄弟单位及同行科研人员对我的帮助，在此一并表示诚恳的感谢。值得特别提出的是，商丘市农林科学院谢一鸣院长对于本书的出版给予了大力的支持，在此表示衷心的感谢。由于本人学术水平有限，资料也不够充分，书中难免存在不足之处，诚望读者和专家同行批评指正。

雷书声
2021 年 8 月于河南商丘

目　录

CONTENTS

恒 进

品种来源 台湾农家品种。

主要特征

叶	叶色	浓绿	顶叶色	浅绿
	叶大小	小	叶形	浅缺刻
	叶脉色	紫	脉基色	紫
茎	茎粗细	细	茎长短	长
	茎色	绿	顶端茸毛	少
	基部分枝	少	株型	匍匐
薯块	薯形	纺锤形	薯块大小	大
	皮色	红	肉色	白
	薯皮粗滑	光滑、无条沟		

主要特性

萌芽性	差	茎叶生长势	强
单株结薯数	少	结薯习性	早而集中
自然开花性	不开花	季节型	夏秋薯
耐旱性	强	耐湿性	中
耐肥性	中	烘干率	24%
熟食味	中上	耐贮性	较差
鲜薯产量	高		
抗病虫性	感黑斑病		

栽培及其他 最早在台湾和福建等省种植，后来栽植面积下降。由于鲜薯产量高，而且高产性状在杂交后代遗传传递力强，育种单位曾将其作亲本利用。

恒进

小白藤

品种资源 江苏省淮阴县（现淮安市淮阴区）农家品种。

主要特征

叶	叶色	淡绿	顶叶色	黄褐
	叶大小	中	叶形	心齿至浅缺刻
	叶脉色	淡绿	脉基色	淡绿
茎	茎粗细	细	茎长短	长
	茎色	绿	顶端茸毛	少
	基部分枝	中	株型	匍匐
薯块	薯形	纺锤形	薯块大小	较小
	皮色	淡红	肉色	淡黄
	薯皮粗滑	光洁、无条沟		

主要特性

萌芽性	好	茎叶生长势	中
单株结薯数	中	结薯习性	较早集中
自然开花性	不开花	季节型	春夏薯
耐旱性	强	耐湿性	中
耐肥性	强	烘干率	36%
熟食味	上	淀粉率	22.17%
鲜薯产量	低	可溶性糖	4.3%
耐贮性	好	粗蛋白	1.66%
抗病虫性	抗黑斑病，感茎线虫病，重感根腐病		

栽培及其他 适宜在肥沃沙壤土起垄栽植。多雨时要排水提蔓。由于该品种干率高、出粉多、食味佳，20 世纪 50 年代曾在江苏省徐淮平原和四川省万县、内江等地推广，也曾作优质亲本利用。

小白藤

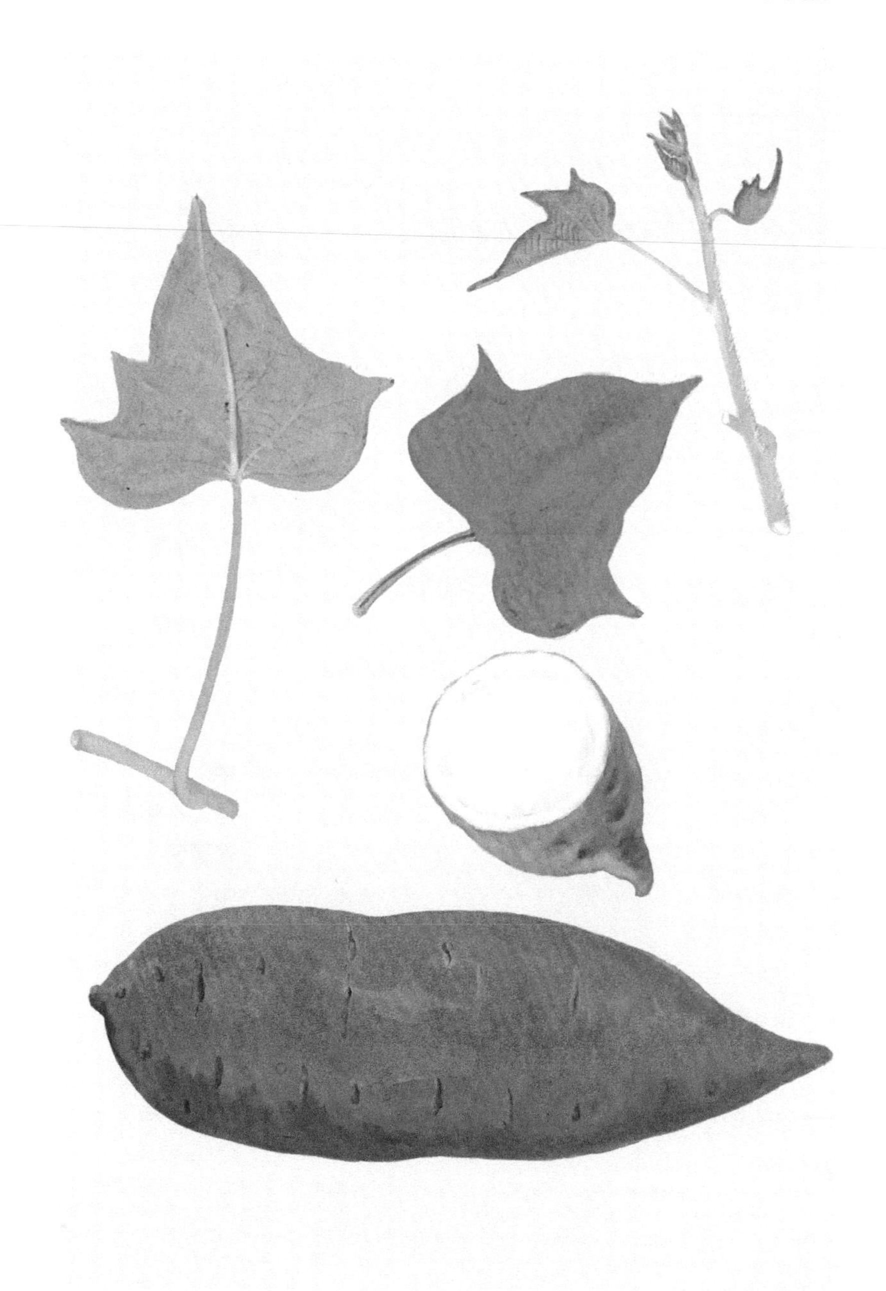

李村黄

品种来源 山东省崂山一带农家品种。

主要特征

叶	叶色	绿	顶叶色	褐紫
	叶大小	较小	叶形	心齿
	叶脉色	绿	脉基色	褐浅紫
茎	茎粗细	中	茎长短	特长
	茎色	绿	顶端茸毛	无
	基部分枝	中	株型	匍匐
薯块	薯形	长纺锤形	薯块大小	较小
	皮色	浅黄	肉色	淡黄
	薯皮粗滑	较光滑、无条沟		

主要特性

萌芽性	中	茎叶生长势	中
单株结薯数	少	结薯习性	迟、不整齐
自然开花性	不开花	季节型	春夏薯
耐旱性	强	耐湿性	中
耐肥性	中	烘干率	26%
熟食味	中	耐贮性	中
鲜薯产量	低		
抗病虫性	抗根腐病，中抗茎线虫病		

栽培及其他 20世纪60年代以后，生产中已不再利用。作品种资源保存。

李村黄

江口土苕

品种来源 贵州省铜仁地区江口县（现铜仁市江口县）农家品种。

主要特征

叶	叶色	绿	顶叶色	紫褐
	叶大小	中	叶形	深复缺刻
	叶脉色	紫	脉基色	紫
茎	茎粗细	中	茎长短	较长
	茎色	绿带紫	顶端茸毛	多
	基部分枝	中	株型	匍匐
薯块	薯形	纺锤形	薯块大小	中
	皮色	淡黄	肉色	白
	薯皮粗滑	光滑、无条沟		

主要特性

萌芽性	好	茎叶生长势	中
单株结薯数	中	结薯习性	较集中
自然开花性	不开花	季节型	春夏薯
耐旱性	强	耐湿性	强
耐肥性	较强	烘干率	26%
熟食味	中	耐贮性	中
鲜薯产量	较高		
抗病虫性	较抗黑斑病		

栽培及其他 该品种耐旱耐瘠，抗逆性和对恶劣环境适应性强，山坡薄地都能生长而且鲜薯产量较高，目前在贵州山区仍有栽培。茎叶生长旺盛，含纤维素少，适口性好，是一个食饲兼用品种。

粗精芋

品种来源 江苏省南京市、六合县（现南京市六合区）和安徽省全椒县一带农家品种。

主要特征

叶	叶色	绿	顶叶色	绿带紫缘
	叶大小	中	叶形	心齿
	叶脉色	紫	脉基色	紫
茎	茎粗细	中	茎长短	长
	茎色	紫	顶端茸毛	较少
	基部分枝	中	株型	匍匐
薯块	薯形	长纺锤形	薯块大小	小
	皮色	红	肉色	白至淡黄
	薯皮粗滑	较光滑、无条沟		

主要特性

萌芽性	中	茎叶生长势	较强
单株结薯数	中	结薯习性	较早集中
自然开花性	不开花	季节型	春夏薯
耐旱性	强	耐湿性	中
耐肥性	强	烘干率	24.5%
熟食味	中	耐贮性	好
鲜薯产量	中		
抗病虫性	高抗黑斑病，抗茎线虫病，重感根腐病。		

栽培及其他 原在江苏省及安徽省有一定栽培面积，随着新品种不断育成和推广，农家种已不见栽培。作资源保存，也作育种亲本利用。

广济白皮六十日早

品种来源 湖北省广济县（现武穴市）农家品种。栽植历史已有200多年。

主要特征

叶	叶色	绿	顶叶色	紫
	叶大小	大	叶形	深裂复缺刻
	叶脉色	紫	脉基色	紫
茎	茎粗细	中	茎长短	中
	茎色	绿带紫	顶端茸毛	多
	基部分枝	中	株型	匍匐
薯块	薯形	下膨长纺锤形	薯块大小	较大
	皮色	白	肉色	白
	薯皮粗滑	光滑、无条沟		

主要特性

萌芽性	中	茎叶生长势	较强
单株结薯数	中	结薯习性	早而集中
自然开花性	不开花	季节型	春夏薯
耐旱性	强	耐湿性	中
耐肥性	中	烘干率	23.5%
熟食味	中	淀粉率	13.31%
鲜薯产量	较高	可溶性糖	3.70%
耐贮性	较差	粗蛋白	1.17%
抗病虫性	感黑斑病，较抗根腐病		

栽培及其他 耐瘠薄，适宜山坡旱薄地。分布湖北省东南山坡丘陵区。栽培中要早栽、早收、早入窖。结薯早，栽后六七十天就可挖食。

浏阳红皮

品种来源 1920年由江西传入湖南，成为湖南主要农家品种。

别　　名 枫树叶、江南薯、六十早、六十工。

主要特征

叶	叶色	绿	顶叶色	淡绿
	叶大小	中	叶形	深单缺刻
	叶脉色	绿带紫	脉基色	紫
茎	茎粗细	中	茎长短	长
	茎色	绿带紫	顶端茸毛	中
	基部分枝	少	株型	匍匐
薯块	薯形	长纺锤形	薯块大小	大
	皮色	红	肉色	白
	薯皮粗滑	较光滑、无条沟		

主要特性

萌芽性	差	茎叶生长势	中
单株结薯数	少	结薯习性	较早、集中
自然开花性	不开花	季节型	春、早夏薯
耐旱性	较强	耐湿性	差
耐肥性	中	烘干率	21%
熟食味	中	淀粉率	12%
鲜薯产量	中	可溶性糖	3.04%
耐贮性	差	粗蛋白	1.16%
抗病虫性	重感薯瘟，易受蚁象为害		

栽培及其他 20世纪50年代在湖南省浏阳、平江、零陵等地栽培面积很大，后来逐渐被其他新品种代替，直到80年代零陵尚有1.3万亩。夏薯耐贮性差、发芽迟、采苗少；宜用秋薯块育苗，早插苗、晚收获、多结薯。

鸡爪莲

品种来源 四川省简阳县（现简阳市）农家品种。

主要特征

叶	叶色	浓绿	顶叶色	绿
	叶大小	中	叶形	深复缺刻、如鸡爪
	叶脉色	紫	脉基色	紫
茎	茎粗细	粗	茎长短	中
	茎色	绿带紫	顶端茸毛	中
	基部分枝	中	株型	匍匐
薯块	薯形	长纺锤形或长圆筒形	薯块大小	较大
	皮色	橙黄	肉色	淡黄
	薯皮粗滑	较光滑、无条沟		

主要特性

萌芽性	中	茎叶生长势	强
单株结薯数	中	结薯习性	迟、松散
自然开花性	不开花	季节型	春夏薯
耐旱性	强	耐湿性	中
耐肥性	强	烘干率	32.1%
熟食味	上	淀粉率	20.95%
鲜薯产量	中	可溶性糖	3.70%
耐贮性	好	粗蛋白	1.53%
抗病虫性	较抗黑斑病		

栽培及其他 该品种耐旱性强，茎叶速生快长，可割几茬作青饲料，是优良的饲用品种。在成都市郊和简阳有零星栽培。割茎叶后应及时追施速效氮肥。

坐兜薯

品种来源 湖北省阳新县农家品种。

主要特征

叶	叶色	绿	顶叶色	紫褐
	叶大小	小	叶形	心齿
	叶脉色	淡紫	脉基色	紫
茎	茎粗细	中	茎长短	短
	茎色	绿	顶端茸毛	多
	基部分枝	较多	株型	半直立
薯块	薯形	长纺锤形	薯块大小	较小
	皮色	淡红	肉色	淡红
	薯皮粗滑	个别薯块有裂沟		

主要特性

萌芽性	差	茎叶生长势	中
单株结薯数	中	结薯习性	早而集中
自然开花性	不开花	季节型	春夏薯
耐旱性	差	耐湿性	强
耐肥性	强	烘干率	34%
熟食味	上	淀粉率	20.77%
鲜薯产量	低	可溶性糖	5.13%
耐贮性	好	粗蛋白	1.69%
抗病虫性	轻感黑斑病和根腐病		

栽培及其他 耐水肥，适宜土层厚、水肥条件好的地块栽植，密度每亩4 000株，注意抗旱。湖北省阳新县的河滩和坡地已有百年栽培历史。因鲜薯亩产低，栽培面积越来越少了。

坐兜薯

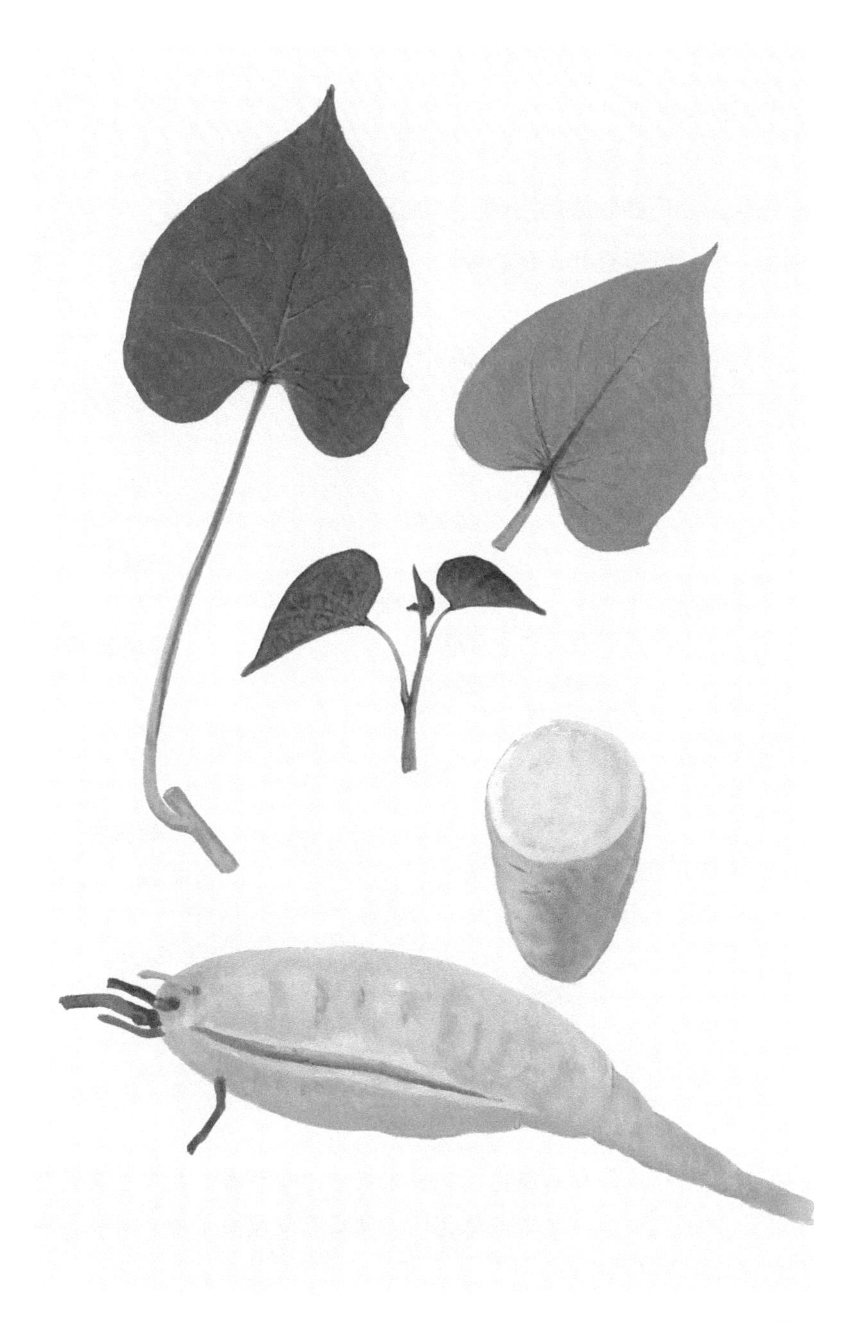

满村香

品种来源 广西壮族自治区玉林地区农家品种。

别　　名 红皮红心、花心薯。

主要特征

叶	叶色	绿	顶叶色	紫
	叶大小	中	叶形	浅复缺刻
	叶脉色	紫	脉基色	紫
茎	茎粗细	中	茎长短	短
	茎色	绿带紫	顶端茸毛	少
	基部分枝	多	株型	匍匐
薯块	薯形	下膨纺锤形	薯块大小	较小
	皮色	赭红	肉色	白带紫晕
	薯皮粗滑	较粗糙		

主要特性

萌芽性	较差	茎叶生长势	中
单株结薯数	中	结薯习性	迟、较集中
自然开花性	不开花	季节型	不论春
耐旱性	强	耐湿性	中
耐肥性	中	烘干率	38%
熟食味	上	淀粉率	25.6%
鲜薯产量	低	可溶性糖	5.29%
耐贮性	中	粗蛋白	1.37%
抗病虫性	较抗薯瘟和蔓割病		

栽培及其他 该品种品质优，熟食味极佳，香而粉。在广西目前仍有零星种植。由于鲜薯亩产量太低，种植面积越来越少。可作高秆优质亲本材料利用。

满村香

小叶仔

品种来源 海南省万宁县（现万宁市）农家品种。

别　　名 小叶红。

主要特征

叶	叶色	淡绿	顶叶色	淡绿
	叶大小	小	叶形	心脏形
	叶脉色	绿带紫	脉基色	紫
茎	茎粗细	细	茎长短	长
	茎色	绿	顶端茸毛	少
	基部分枝	多	株型	匍匐
薯块	薯形	上膨纺锤形	薯块大小	小
	皮色	紫红	肉色	淡黄
	薯皮粗滑	光滑、无条沟		

主要特性

萌芽性	差	茎叶生长势	强
单株结薯数	较多	结薯习性	迟、集中
自然开花性	不开花	季节型	秋冬薯
耐旱性	强	耐湿性	中
耐肥性	强	烘干率	25.8%
熟食味	中上	淀粉率	18.9%
鲜薯产量	中	可溶性糖	4.24%
耐贮性	中	粗蛋白	1.17%
抗病虫性	不抗薯瘟		

栽培及其他 是热带地区较好的食饲兼用品种，在当地甘薯生产中曾占80%的面积。高垄密植栽培，排水防涝，提蔓以防茎节生根。栽培密度以秋薯每亩3 500株、春薯每亩1 800株为宜。早追肥、促增产。

揭阳竹头红

品种来源 广东省揭阳县（现揭阳市）农家品种。

主要特征

叶	叶色	绿	顶叶色	褐紫红
	叶大小	中	叶形	鸡爪形
	叶脉色	绿带紫	脉基色	紫
茎	茎粗细	中	茎长短	长
	茎色	绿带紫	顶端茸毛	少
	基部分枝	中	株型	匍匐
薯块	薯形	长纺锤形	薯块大小	较小
	皮色	黄	肉色	橘红
	薯皮粗滑	光滑美观、无条沟		

主要特性

萌芽性	较差	茎叶生长势	中
单株结薯数	较少	结薯习性	较集中
自然开花性	在当地开花	季节型	秋冬薯
耐旱性	中	耐湿性	强
耐肥性	强	烘干率	31.7%
熟食味	上	淀粉率	20%
鲜薯产量	低	可溶性糖	3.70%
耐贮性	中	粗蛋白	0.92%
抗病虫性	不抗薯瘟病		

栽培及其他 该品种品质优，熟食味极好，甜香粉。在广东省各地目前仍作搭配品种，汕潮平原栽植面积较大。秋冬薯选择肥水条件好的非薯瘟病地块栽种。

揭阳竹头红

鸟咬梨

品种来源 广东省陆丰县（现陆丰市）、普宁县（现普宁市）农家品种。广东省农业科学院甘薯研究室苏启禧、冯祖虾 1953 年征集。

别　　名 黄心、鸟含梨。

主要特征

叶	叶色	绿	顶叶色	绿
	叶大小	中	叶形	深复缺刻
	叶脉色	淡紫	脉基色	紫
茎	茎粗细	中	茎长短	中
	茎色	绿	顶端茸毛	中
	基部分枝	中	株型	匍匐
薯块	薯形	纺锤形	薯块大小	中
	皮色	土黄淡红	肉色	浅黄
	薯皮粗滑	较光滑、无条沟		

主要特性

萌芽性	中	茎叶生长势	中
单株结薯数	中	结薯习性	集中
自然开花性	不开花	季节型	四季可种
耐旱性	强	耐湿性	强
耐肥性	中	烘干率	30.1%
熟食味	上	淀粉率	20%
鲜薯产量	中上	可溶性糖	3.55%
耐贮性	差	粗蛋白	0.82%
抗病虫性	感薯瘟病		

栽培及其他 该品种品质较好，鲜薯产量高而稳，在汕头、惠阳两市各县栽种面积较大。冬薯主要用于加工淀粉。栽培中注意起垄防涝和雨后排水。薯瘟病区不宜栽种。适时收获，防止表皮老化。

接芋只

品种来源　广东省汕头地区揭阳县（现揭阳市）农家品种。由广东省农业科学院甘薯研究室苏启禧、冯祖虾 1953 年征集。薯皮色有红、白两种，故有两种接芋只。

主要特征

叶	叶色	绿	顶叶色	绿
	叶大小	中	叶形	复缺刻
	叶脉色	绿	脉基色	绿
茎	茎粗细	中	茎长短	中
	茎色	绿	顶端茸毛	无
	基部分枝	中	株型	匍匐
薯块	薯形	纺锤形	薯块大小	中
	皮色	红、白两种	肉色	白
	薯皮粗滑	较光滑、无条沟		

主要特性

萌芽性	差	茎叶生长势	强
单株结薯数	中	结薯习性	集中
自然开花性	不开花	季节型	春夏秋薯
耐旱性	中	耐湿性	中
耐肥性	中	烘干率	28.1%
熟食味	中	淀粉率	16.87%
鲜薯产量	中	可溶性糖	5.14%
耐贮性	中	粗蛋白	0.95%
抗病虫性	不抗薯瘟		

栽培及其他　原分布在广东省的揭阳、澄海、潮阳、普宁、陆丰等县，丰产性好，亩产鲜薯可达 4 000 kg。目前品种退化，栽植较少。春薯栽培注意水肥调节，控制氮肥，防止徒长。

标心红

品种来源 广东省雷州半岛沿海地带，湛江及茂名市郊及海康县（现雷州市）、阳江县（现阳江市）的农家品种。

主要特征

叶	叶色	绿	顶叶色	紫
	叶大小	较小	叶形	浅单缺刻
	叶脉色	紫	脉基色	紫
茎	茎粗细	粗	茎长短	长
	茎色	绿带褐	顶端茸毛	少
	基部分枝	少	株型	匍匐
薯块	薯形	纺锤形	薯块大小	大
	皮色	红	肉色	白
	薯皮粗滑	光滑、无条沟		

主要特性

萌芽性	差	茎叶生长势	强
单株结薯数	中	结薯习性	早而集中
自然开花性	不开花	季节型	秋冬薯
耐旱性	强	耐湿性	强
耐肥性	强	烘干率	19.6%
熟食味	中下	淀粉率	8.21%
鲜薯产量	高	可溶性糖	5.59%
耐贮性	中	粗蛋白	0.81%
抗病虫性	不抗薯瘟和疮痂病		

栽培及其他 鲜薯亩产可达 4 000 ~ 5 000 kg。曾在雷州半岛的湛江市、茂名市郊区及海康县、阳江县作秋冬薯栽植，农户晒薯丝食用。该品种节间长，栽培时注意剪苗要长、栽插入土要长，保证 3 ~ 4 节在土中结薯，以稳产量。

红骨竖种

品种来源 福建省农家品种。

别　　名 红骨仔。

主要特征

叶	叶色	绿	顶叶色	紫
	叶大小	小	叶形	鸡脚形
	叶脉色	紫	脉基色	紫
茎	茎粗细	细	茎长短	中
	茎色	绿带紫	顶端茸毛	无
	基部分枝	中	株型	半直立
薯块	薯形	纺锤形	薯块大小	较大
	皮色	橙黄	肉色	淡黄
	薯皮粗滑	较光滑、无条沟		

主要特性

萌芽性	中	茎叶生长势	中
单株结薯数	中	结薯习性	集中
自然开花性	不开花	季节型	春夏薯
耐旱性	强	耐湿性	强
耐肥性	强	烘干率	26.3%
熟食味	中	耐贮性	中
鲜薯产量	较低		
抗病虫性	抗根腐病，不抗薯瘟		

栽培及其他 早年在福建和广东省曾栽植利用过。据河南省中牟县农科所试验，该品种抗根腐病，可在根腐病地栽植。也可试作抗病育种亲本材料。

红骨竖种

西瓜薯

品种来源 广西壮族自治区梧州、柳州一带农家品种。

主要特征

叶	叶色	绿	顶叶色	淡绿
	叶大小	小	叶形	深缺刻
	叶脉色	淡紫	脉基色	淡紫
茎	茎粗细	细	茎长短	中
	茎色	绿	顶端茸毛	多
	基部分枝	中	株型	匍匐
薯块	薯形	长纺锤形	薯块大小	较小
	皮色	红	肉色	白
	薯皮粗滑	光滑、无条沟		

主要特性

萌芽性	中	茎叶生长势	中
单株结薯数	较少	结薯习性	集中
自然开花性	不开花	季节型	秋冬薯
耐旱性	较差	耐湿性	中
耐肥性	中	烘干率	25.6%
熟食味	中上	淀粉率	低
鲜薯产量	较低	可溶性糖	高
耐贮性	中上	粗蛋白	低
抗病虫性	不抗薯瘟病		

栽培及其他 该品种食味清甜，是生食好品种。目前已很少栽植。可作育种甜味亲本。

鸡母薯

品种来源 福建省莆田县（现莆田市）农家品种。

别　　名 红鸡公、枕头薯。

主要特征

叶	叶色	浓绿	顶叶色	浅绿微紫
	叶大小	中	叶形	深裂复缺刻
	叶脉色	紫	脉基色	紫
茎	茎粗细	中	茎长短	中
	茎色	浓绿	顶端茸毛	少
	基部分枝	多	株型	半直立
薯块	薯形	短纺或块状	薯块大小	大
	皮色	黄	肉色	橙红
	薯皮粗滑	光滑而有明显条沟		

主要特性

萌芽性	较差	茎叶生长势	较强
单株结薯数	中	结薯习性	早而集中
自然开花性	不开花	季节型	春夏秋薯
耐旱性	强	耐湿性	强
耐肥性	强	烘干率	23%
熟食味	上	淀粉率	13.9%
鲜薯产量	高	可溶性糖	4.9%
耐贮性	差	粗蛋白	1%
抗病虫性	抗根腐病、抗蚁象为害		

栽培及其他 该品种由于食味好、鲜薯产量高，是20世纪五六十年代在闽东南沿海和内陆地带着力推广的良种之一。采取温床育苗，促使出苗早、发壮苗，施足基肥，促进早结薯、膨大快。填塞垄面裂缝，防蚁象为害。及时收获，及时加工，妥善保管。

鸡母薯

乌骨企龙

品种来源 广东省汕头地区农家品种。

别　　名 九里香、鸡骨香。

主要特征

叶	叶色	浓绿	顶叶色	绿带褐
	叶大小	中	叶形	心齿
	叶脉色	紫	脉基色	紫
茎	茎粗细	中	茎长短	中
	茎色	紫	顶端茸毛	无
	基部分枝	多	株型	匍匐
薯块	薯形	长纺锤形、长筒形	薯块大小	较大
	皮色	黄	肉色	淡黄
	薯皮粗滑	表皮有明脉		

主要特性

萌芽性	好	茎叶生长势	强
单株结薯数	较少	结薯习性	集中
自然开花性	不开花	季节型	春夏秋薯
耐旱性	强	耐湿性	强
耐肥性	强	烘干率	30.7%
熟食味	上	可溶性糖	9.65%
鲜薯产量	中	粗蛋白	2.75%
抗病虫性	不抗薯瘟病	耐贮性	中上

栽培及其他 适宜在水肥条件好的沙壤土地栽种，及时培土、适时浇水，减轻蚁象为害。曾常远销到香港、澳门等地。

乌骨企龙

永春五齿

品种来源 福建省永春县农家品种。

别　　名 鸡脚爪、竖种、竖藤等。

主要特征

叶	叶色	浓绿	顶叶色	紫褐色
	叶大小	中	叶形	深复缺刻
	叶脉色	紫	脉基色	紫
茎	茎粗细	中	茎长短	中
	茎色	绿带紫	顶端茸毛	无
	基部分枝	中	株型	半直立
薯块	薯形	长纺锤形或圆筒形	薯块大小	较大
	皮色	浅黄	肉色	浅黄
	薯皮粗滑	一般		

主要特性

萌芽性	较差	茎叶生长势	中
单株结薯数	较少	结薯习性	较迟、整齐
自然开花性	不开花	季节型	春夏秋薯
耐旱性	较差	耐湿性	强
耐肥性	强	烘干率	28%
熟食味	上	淀粉率	16.8%
鲜薯产量	较高	可溶性糖	4.77%
耐贮性	好	粗蛋白	0.84%
抗病虫性	抗薯瘟病和疮痂病		

栽培及其他 在20世纪50年代时曾是闽南内陆地区主要利用的高产优质良种，目前栽植很少。采取温床育苗，加强苗床管理，壮苗早栽、施足基肥、及时追肥，发挥品种后发优势，促进薯块后期膨大增产潜力。在土壤肥厚地块，适当早栽迟收，亩产可达3 000 kg左右。

夹沟大紫

品种来源 安徽省宿县（现宿州市）夹沟一带农家品种。

主要特征

叶	叶色	绿	顶叶色	紫褐色
	叶大小	大	叶形	心脏形
	叶脉色	微紫	脉基色	紫
茎	茎粗细	中	茎长短	长
	茎色	绿	顶端茸毛	极少
	基部分枝	较少	株型	匍匐
薯块	薯形	长纺锤形	薯块大小	较小
	皮色	紫红	肉色	白微黄
	薯皮粗滑	中、无条沟		

主要特性

萌芽性	差	茎叶生长势	中
单株结薯数	少	结薯习性	迟、松散
自然开花性	不开花	季节型	春夏薯
耐旱性	强	耐湿性	差
耐肥性	差	烘干率	28.8%
熟食味	上	淀粉率	18.91%
鲜薯产量	低	可溶性糖	2.57%
耐贮性	好	粗蛋白	1.31%
抗病虫性	抗黑斑病，较抗根腐病		

栽培及其他 该品种突出特点是抗病，熟食味好。20世纪50年代在安徽省宿县固镇（现固镇县）、灵璧县等地大面积栽植，宿县夹沟一带有零星利用。在甘薯育种中曾作优质抗病亲本利用。

夹沟大紫

韭菜种

品种来源 广东省潮阳县（现汕头市潮阳区）农家品种。

别　　名 大叶婆、大红肉、接芋花、红皮黄心。

主要特征

叶	叶色	绿	顶叶色	淡绿浅紫缘
	叶大小	较小	叶形	肾形带齿
	叶脉色	绿	脉基色	绿
茎	茎粗细	中	茎长短	较长
	茎色	绿	顶端茸毛	多
	基部分枝	中	株型	匍匐
薯块	薯形	纺锤形	薯块大小	较小
	皮色	紫红	肉色	橙黄
	薯皮粗滑	较光滑、无条沟		

主要特性

萌芽性	中	茎叶生长势	较强
单株结薯数	中	结薯习性	迟、集中
自然开花性	不开花	季节型	秋冬薯
耐旱性	中	耐湿性	强
耐肥性	强	烘干率	30%
熟食味	中上	淀粉率	17.54%
鲜薯产量	中上	可溶性糖	5.10%
耐贮性	较差	粗蛋白	1%
抗病虫性	易感薯瘟病		

栽培及其他 该品种适宜在肥地栽植。在广东省汕头早年有一定面积，收作熟食用。晚稻收后，立即栽韭菜种冬薯。肥田多追肥料，一定能够丰产丰收。

韭菜种

沙拉越

品种来源 广东省潮阳县（现汕头市潮阳区）、澄海县（现汕头市澄海区）一带农家品种。

别　　名 青心沙拉越。

主要特征

叶	叶色	绿	顶叶色	淡绿
	叶大小	小	叶形	浅复缺刻
	叶脉色	浅紫	脉基色	紫
茎	茎粗细	中	茎长短	中
	茎色	绿	顶端茸毛	少
	基部分枝	少	株型	匍匐
薯块	薯形	上膨纺锤形	薯块大小	小
	皮色	白	肉色	白
	薯皮粗滑	光滑、无条沟		

主要特性

萌芽性	差	茎叶生长势	中
单株结薯数	中	结薯习性	集中
自然开花性	当地为中，北方不开花	季节型	秋冬薯
耐旱性	中	耐湿性	中
耐肥性	中	烘干率	29.7%
熟食味	中	淀粉率	17.5%
鲜薯产量	低	可溶性糖	5.43%
耐贮性	中	粗蛋白	1%
抗病虫性	不抗薯瘟		

栽培及其他 该品种可能引自南洋，在广东潮阳已有上百年种植历史。在汕头、惠阳和广东各地曾有种植，主要用作熟食或打粉。适宜在肥水条件好的平原地带作秋薯种植。田间管理要施足基肥、早施追肥，鲜薯亩产可高达 2 500 kg 以上。

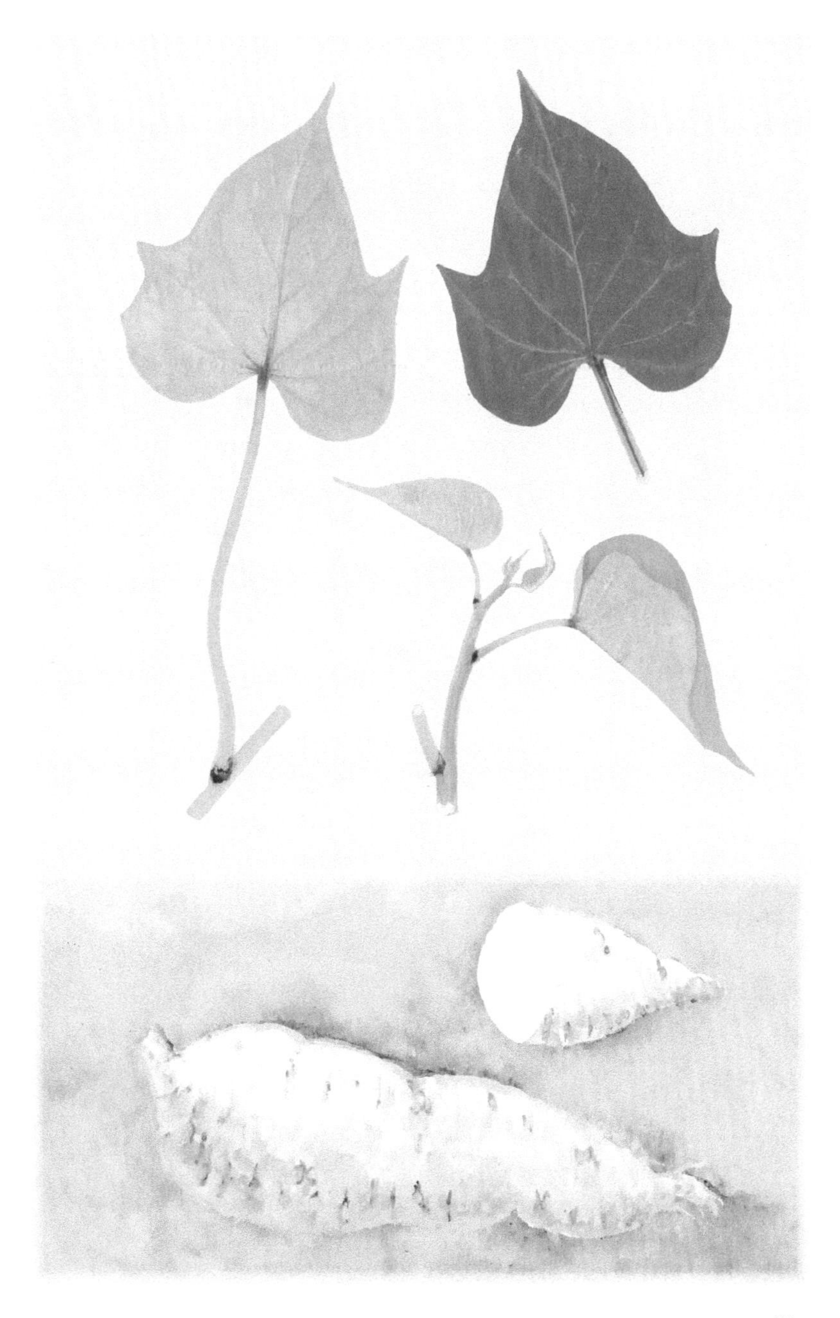

蓬　尾

品种来源　广东省雷州半岛一带农家品种。

别　　名　大种不论春、蓬尾狗。

主要特征

叶	叶色	绿	顶叶色	绿
	叶大小	中	叶形	浅复缺刻或缺刻较深
	叶脉色	紫	脉基色	紫
茎	茎粗细	中	茎长短	中
	茎色	绿带紫	顶端茸毛	少
	基部分枝	较多	株型	匍匐
薯块	薯形	纺锤形	薯块大小	大
	皮色	紫红	肉色	白
	薯皮粗滑	光滑、无条沟		

主要特性

萌芽性	差	茎叶生长势	中
单株结薯数	中	结薯习性	集中
自然开花性	不开花	季节型	不论春
耐旱性	中	耐湿性	中
耐肥性	中	切干率	（秋薯烘干）21% ~ 27%
熟食味	中	鲜薯产量	高
抗病虫性	不抗薯瘟		

栽培及其他　该品种栽培历史久，产量高而稳定，曾是广东省当家品种之一，在雷州半岛高州县（现高州市）、吴川县（现吴川市）及广西、福建等地种植。栽培中注意旱薄地施足基肥，重施结薯肥。不抗薯瘟，不宜在薯瘟病区栽植。主要作饲料，部分食用，高产性状好，常作杂交亲本，育成有丰收白、辽44、遗67-8等。亩产1 500 ~ 3 000 kg，高产可达5 000 kg。

禺北白

品种来源 广东省番禺县（现广州市番禺区）的农家品种。

别　　名 无忧饥、萝卜薯、洋岛仓、黎佬薯、港头白、禺北白皮白心、广东白皮等。

主要特征

叶	叶色	绿	顶叶色	褐带微紫
	叶大小	中	叶形	深、浅裂，复缺刻或戟形
	叶脉色	紫	脉基色	紫
茎	茎粗细	中	茎长短	长
	茎色	绿带紫	顶端茸毛	中
	基部分枝	中	株型	匍匐
薯块	薯形	长纺锤形	薯块大小	大
	皮色	白至淡黄	肉色	白
	薯皮粗滑	光滑、无条沟		

主要特性

萌芽性	中	茎叶生长势	强
单株结薯数	中	结薯习性	较早、集中
自然开花性	不开花	季节型	不论春
耐旱性	较强	耐湿性	中
耐肥性	中	切干率	（秋薯烘干）22% ~ 26%
熟食味	中	鲜薯产量	高
抗病虫性	易感薯瘟、黑斑病和疮痂病		

栽培及其他 该品种1955年鉴定推广，广东省栽培面积100万亩以上。曾在广西壮族自治区为当家种，占全区甘薯栽培面积70%。浙江省和福建省也曾有较大栽培面积。此品种还可食饲兼用。栽培中应注意生长前期勿偏施速效氮肥，以防茎叶徒长。采用薯块育苗，选择壮苗，以防退化。抗病虫能力差，不宜连作，不适宜在薯瘟病区栽植。一般亩产1 500 ~ 3 000 kg，高产可达4 000 kg以上。

禺北白

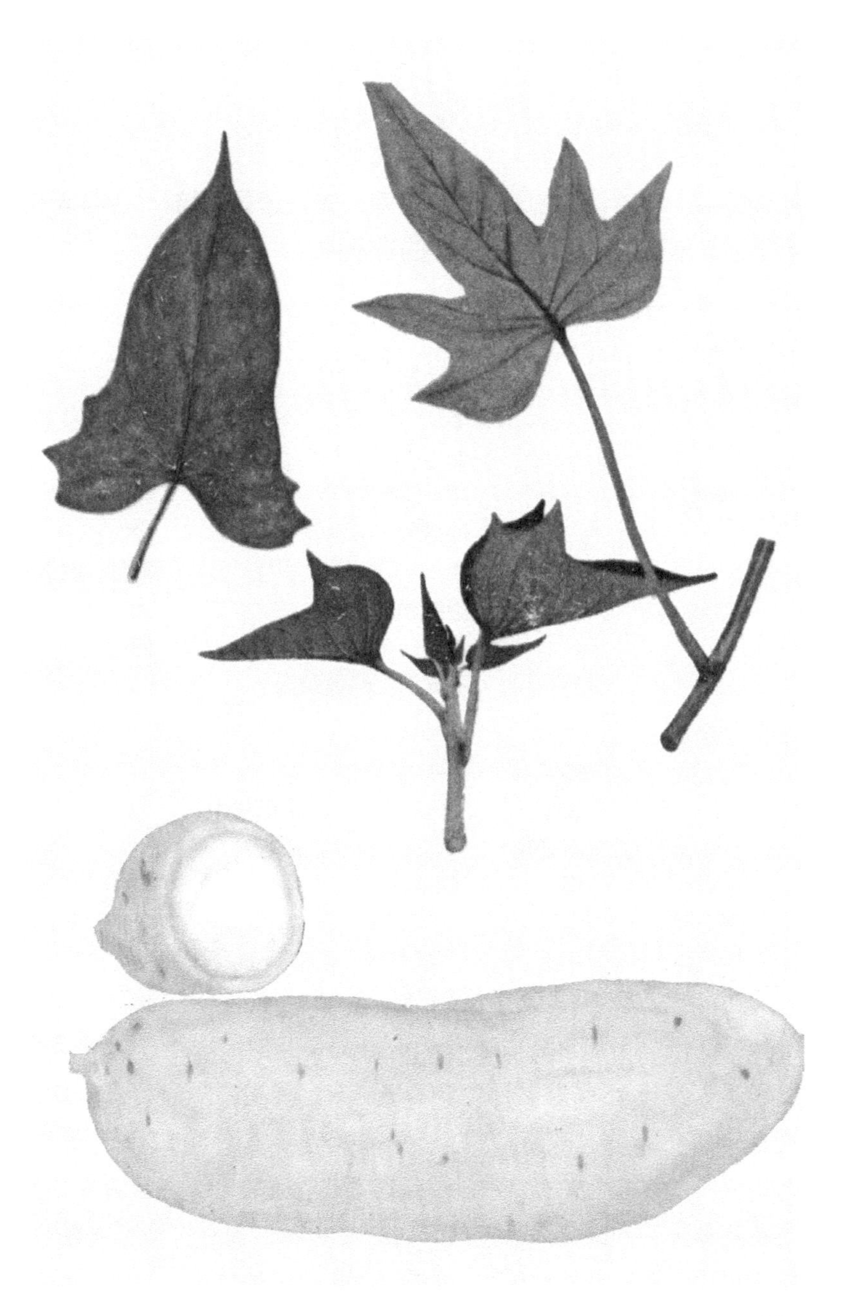

宁远三十日早

品种来源 1944年由广西引到湖南，先在道县栽培，1945年传至宁远。常被认为是湖南省宁远的农家种。

别　　名 三十粘

主要特征

叶	叶色	浓绿	顶叶色	绿
	叶大小	中	叶形	浅裂单缺刻
	叶脉色	紫	脉基色	紫
茎	茎粗细	中	茎长短	中
	茎色	绿带紫	顶端茸毛	少
	基部分枝	中	株型	匍匐、疏散
薯块	薯形	短纺锤形	薯块大小	大
	皮色	深红	肉色	白
	薯皮粗滑	不光滑、略具条沟		

主要特性

萌芽性	差	茎叶生长势	中
单株结薯数	较少	结薯习性	早而集中
自然开花性	不开花	季节型	夏薯
耐旱性	强	耐湿性	中
耐肥性	强	切干率	（夏薯烘干）20% ~ 23%
熟食味	中上	鲜薯产量	高
抗病虫性	不抗薯瘟及黑斑病		

栽培及其他 据湖南省农业科学院1953—1957年试验，该品种比胜利百号增产15%以上。自宁远推广后，发展到了湘西土家族苗族自治州、黔阳、邵阳、常德、衡阳及郴县等夏薯区29个州县，浙江、广东等省也曾有引种。由于结薯浅，易遭小象鼻虫为害，勿在小象鼻虫区和薯瘟病区栽植。在杂交育种中也有作培育结薯早、高产和抗旱品种的亲本利用。亩产2 000 ~ 2 500 kg。

宁远三十日早

华北 52-45

品种来源 原华北农业科学研究所 1950 年从“南瑞苕 × 胜利百号”杂交后代中选出，1957 年经山东省农业科学院鉴定推广。原系号 50-289。

主要特征

叶	叶色	绿	顶叶色	淡绿
	叶大小	中	叶形	浅单缺刻
	叶脉色	紫	脉基色	浓紫
茎	茎粗细	粗	茎长短	短
	茎色	绿带紫	顶端茸毛	无
	基部分枝	中	株型	半直立
薯块	薯形	纺锤形或下膨	薯块大小	大
	皮色	浅红	肉色	淡黄略带紫晕
	薯皮粗滑	较光滑、有浅条沟		

主要特性

萌芽性	好	茎叶生长势	中
单株结薯数	中	结薯习性	早浅集中
自然开花性	不开花	季节型	夏薯
耐旱性	差	耐湿性	较强
耐肥性	较强	烘干率	27%
熟食味	中上	淀粉率	19.35%
鲜薯产量	高	可溶性糖	1.90%
耐贮性	好	粗蛋白	1.28%
抗病虫性	抗黑斑病，感茎线虫病，易受蛴螬为害		

栽培及其他 20 世纪六七十年代曾在江苏、山东、河北、四川、湖北、湖南等省推广面积很大，1980 年达百万亩以上。是一个优良的食用品种，也是一个好的杂交亲本材料，作亲本育成了烟薯 6 号、徐薯 18、新大紫等一批优良品种。适宜在肥水条件较好的平原栽植。注意抗旱和病虫害防治。

华北 52-45

华北 117

品种来源 华北农业科学研究所 1948 年从“胜利百号 × 南瑞苕”杂交后代选育而成。原系号 48-117。

主要特征

叶	叶色	淡绿	顶叶色	淡绿
	叶大小	中	叶形	心齿或浅单缺刻
	叶脉色	淡绿	脉基色	淡紫
茎	茎粗细	粗	茎长短	短
	茎色	淡绿	顶端茸毛	少
	基部分枝	多	株型	匍匐
薯块	薯形	长纺锤或圆筒	薯块大小	大
	皮色	粉红	肉色	淡杏黄
	薯皮粗滑	不太光滑、有浅条沟		

主要特性

萌芽性	好	茎叶生长势	中
单株结薯数	中	结薯习性	早而集中
自然开花性	不开花	季节型	春夏薯
耐旱性	强	耐湿性	差
耐肥性	强	烘干率	30.1%
熟食味	上	淀粉率	21.43%
鲜薯产量	中	可溶性糖	1.29%
耐贮性	中	粗蛋白	1.43%
抗病虫性	易感黑斑病、黑痣病、茎线虫病，重感根腐病		

栽培及其他 作为食饲兼用品种，曾在河北、山东、河南、安徽、浙江等省推广种植。适合在山坡丘陵排水良好的春地起垄种植，密度 3 500 ~ 4 000 株 / 亩，注意防治黑斑病。

华北 117

短秧红

品种来源 中国农业科学院薯类研究所，以胜利百号为母本、南瑞苕为父本，进行有性杂交选育而成。

主要特征

叶	叶色	浓绿	顶叶色	淡绿
	叶大小	大	叶形	浅单缺刻
	叶脉色	浅紫	脉基色	紫
茎	茎粗细	中	茎长短	较短
	茎色	紫	顶端茸毛	多
	基部分枝	中	株型	匍匐
薯块	薯形	短纺锤形	薯块大小	大
	皮色	红	肉色	淡黄带红晕
	薯皮粗滑	较光滑、无条沟		

主要特性

萌芽性	好	茎叶生长势	强
单株结薯数	中	结薯习性	早而集中
自然开花性	不开花	季节型	春夏薯
耐旱性	强	耐湿性	强
耐肥性	强	烘干率	26.7%
熟食味	上	耐贮性	好
鲜薯产量	高		
抗病虫性	较抗黑斑病，重感茎线虫病和根腐病		

栽培及其他 在江苏省曾较大面积推广。可作育种亲本利用。

华北 166

品种来源 华北农业科学研究所以“南瑞苕 x 北京西郊种（二红）”杂交选育而成，1950 年选出。

主要特征

叶	叶色	绿	顶叶色	淡绿带紫褐
	叶大小	中	叶形	心脏形或带齿
	叶脉色	淡绿	脉基色	淡绿
茎	茎粗细	中	茎长短	长
	茎色	绿	顶端茸毛	少
	基部分枝	较多	株型	匍匐
薯块	薯形	纺锤形	薯块大小	较大
	皮色	淡红	肉色	淡黄带红晕
	薯皮粗滑	较光滑	条沟	有浅沟

主要特性

萌芽性	好	茎叶生长势	强
单株结薯数	较少	结薯习性	早而集中
自然开花性	不开花	季节型	春夏薯
耐旱性	中	耐湿性	强
耐肥性	强	切干率	（夏薯晒干）27% ~ 32%
熟食味	上	鲜薯产量	较高
抗病虫性	抗病毒病但不抗黑斑病		

栽培及其他 该品种的突出特点是食味极佳，维生素含量比胜利百号高 4.5 倍，味甜，河北省石家庄一带农民称之为“糖山药”。亩产 1 500 kg 左右。

华北 166

华北 48

品种来源 湖南省道县从广东省高州农校引进，系原华北农业科学研究所的实生苗。

主要特征

叶	叶色	绿	顶叶色	绿
	叶大小	中	叶形	心脏形或带齿
	叶脉色	紫	脉基色	紫
茎	茎粗细	细	茎长短	中
	茎色	绿带紫	顶端茸毛	中
	基部分枝	中	株型	匍匐
薯块	薯形	长纺锤形	薯块大小	大
	皮色	紫红	肉色	淡黄稍带紫晕
	薯皮粗滑	较粗糙	条沟	无条沟

主要特性

萌芽性	中	茎叶生长势	强
单株结薯数	中	结薯习性	不集中
自然开花性	不开花	季节型	春夏薯
耐旱性	强	耐湿性	中
耐肥性	强	切干率	（春薯晒干）30% ~ 31%
熟食味	上	鲜薯产量	较高
抗病虫性	高抗薯瘟		

栽培及其他 该品种的主要特点是高抗薯瘟，适合在薯瘟病区推广，湖南省已栽植30多万亩。由于结薯较迟，要早栽，水肥地栽培密度以不超过4 000株/亩为宜。该品种还适合于间作套种及作食饲兼用品种。亩产1 500 ~ 2 000 kg，高产达3 000 kg以上。

一窝红

品种来源 原华北农业科学研究所1959年以“南瑞苕 × 胜利百号”杂交所得种子，交由中国农业科学院原薯类研究所播种出苗长成实生苗，经江苏省赣榆县（现连云港市赣榆区）鉴定选育而成。

主要特征

叶	叶色	绿	顶叶色	绿
	叶大小	大	叶形	心脏形或心形带齿
	叶脉色	紫	脉基色	紫
茎	茎粗细	粗	茎长短	中
	茎色	紫	顶端茸毛	少
	基部分枝	少	株型	匍匐
薯块	薯形	下膨纺锤形	薯块大小	大
	皮色	粉红	肉色	淡黄
	薯皮粗滑	光滑	条沟	无条沟

主要特性

萌芽性	好	茎叶生长势	强
单株结薯数	较少	结薯习性	集中
自然开花性	不开花	季节型	春夏薯
耐旱性	较弱	耐湿性	较强
耐肥性	较强	切干率	（夏薯晒干）30% ~ 35%
熟食味	中上	鲜薯产量	较高
抗病虫性	感染黑斑病和线虫病		

栽培及其他 该品种适宜于山区、平原作春薯、夏薯。亩产1 500 kg左右，高产可达3 000 ~ 3 500 kg。曾在河北省北部和山东、江苏推广。注意用高温大屋窖贮藏和高剪苗防治黑斑病。

一窝红

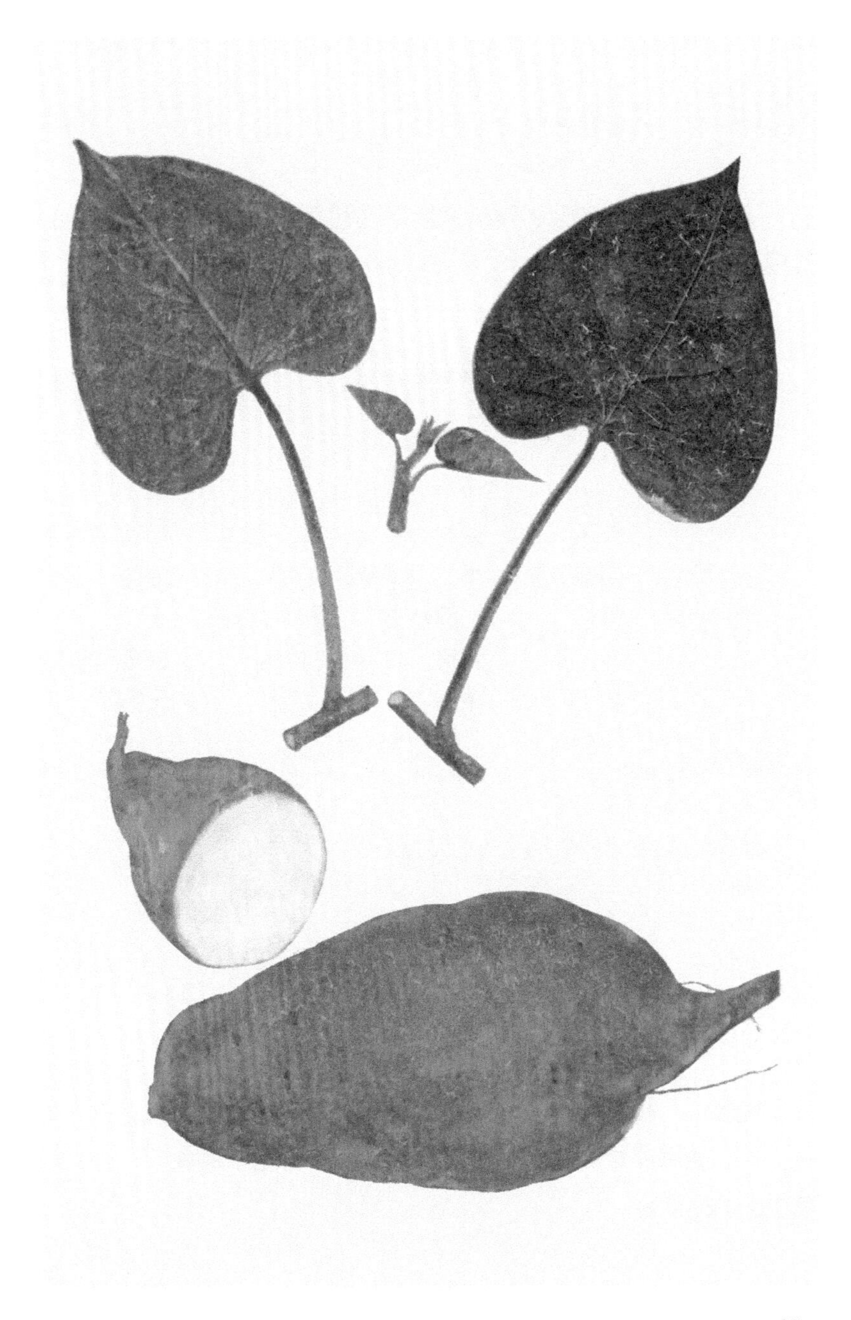

北京 553

品种来源 原华北农业科学研究所以胜利百号为母本放任授粉选育而成。系号 50-553。

主要特征

叶	叶色	绿带褐	顶叶色	紫褐
	叶大小	中	叶形	浅缺刻
	叶脉色	淡绿	脉基色	淡紫
茎	茎粗细	中	茎长短	中
	茎色	紫红	顶端茸毛	中
	基部分枝	中	株型	匍匐
薯块	薯形	长圆筒形	薯块大小	大
	皮色	黄褐	肉色	杏黄
	薯皮粗滑	中	条沟	无条沟

主要特性

萌芽性	好	茎叶生长势	强
单株结薯数	中	结薯习性	较早集中
自然开花性	不开花	季节型	春夏薯
耐旱性	强	耐湿性	强
耐肥性	强	切干率	（夏薯晒干）24% 左右
熟食味	中上	鲜薯产量	高
抗病虫性	较抗黑斑病和黑痣病		

栽培及其他 该品种产量高，生食甜脆，烤熟味极佳，熟食水分太大，适合城市郊区栽植。曾在四川、河南、河北示范推广。亩产一般 2 000 kg 左右。

北京 553

栗子香

品种来源 由中国农业科学院原薯类研究所从华东农业科学研究所的“南瑞苕 × 胜利百号”杂交后代中选出，后经徐州地区农业科学研究所继续鉴定，定名推广。

主要特征

叶	叶色	绿	顶叶色	绿
	叶大小	大	叶形	心脏形、也有带齿及浅缺刻的
	叶脉色	绿	脉基色	微紫
茎	茎粗细	中	茎长短	长
	茎色	绿	顶端茸毛	中
	基部分枝	中	株型	匍匐
薯块	薯形	上膨纺锤形	薯块大小	较大
	皮色	淡红	肉色	白
	薯皮粗滑	光滑	条沟	无条沟

主要特性

萌芽性	好	茎叶生长势	强
单株结薯数	中	结薯习性	集中
自然开花性	不开花	季节型	春薯
耐旱性	中	耐湿性	中
耐肥性	强	切干率	（春薯晒干）37% 左右
熟食味	上	鲜薯产量	中
抗病虫性	易感染茎线虫病、根腐病，较抗黑斑病		

栽培及其他 该品种熟食味香美，切干率高，是一个名声很好的品种，既可以在生产中宜春栽直接利用，又是一个杂交育种的极好的亲本材料。亩产 1 500 kg 左右。在茎线虫病和根腐病区不宜栽植。

栗子香

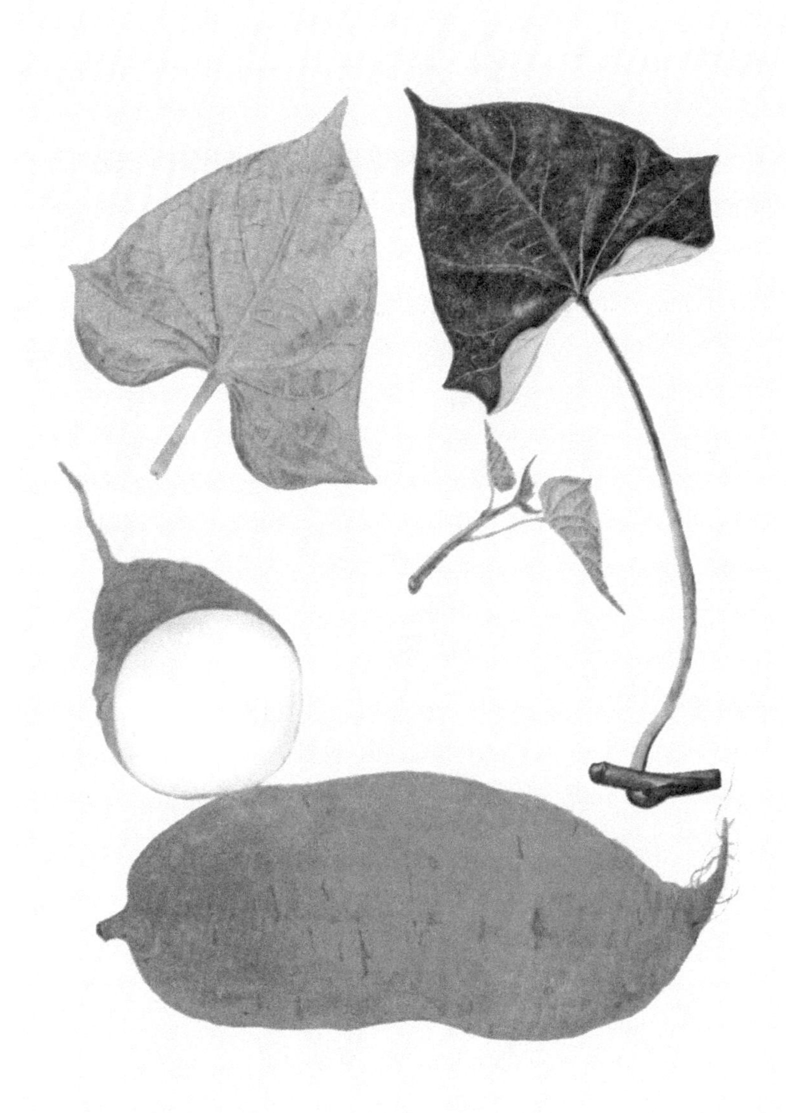

辽 40

品种来源 辽宁省农业科学院 1962 年以“北京 553 × 156”杂交选育而成，1970 年定名推广。

主要特征

叶	叶色	绿	顶叶色	紫
	叶大小	较大	叶形	浅裂复缺刻
	叶脉色	紫	脉基色	紫
茎	茎粗细	粗	茎长短	短
	茎色	紫	顶端茸毛	无或极少
	基部分枝	中	株型	匍匐
薯块	薯形	长纺锤形或筒形	薯块大小	中
	皮色	紫红	肉色	白
	薯皮粗滑	较粗糙	条沟	无条沟

主要特性

萌芽性	中	茎叶生长势	较强
单株结薯数	中	结薯习性	集中
自然开花性	不开花	季节型	春薯
耐旱性	较强	耐湿性	中
耐肥性	中	切干率	（春薯晒干）33.8% ~ 35.6%
熟食味	上	鲜薯产量	高
抗病虫性	较抗黑斑病、重感根腐病		

栽培及其他 该品种曾在辽宁南部、西部和山区、丘陵、平原较肥沃的沙壤土推广。栽培注意适当提高密度。还适宜于间作套种。一般亩产 2 000 kg 左右。

辽40

辽 205

品种来源 辽宁省农业科学院作物育种研究所 1963 年从“胜利百号 × 南瑞苕”杂交后代中选育而成。

主要特征

叶	叶色	绿	顶叶色	淡绿
	叶大小	中	叶形	心齿、浅复缺刻
	叶脉色	微紫	脉基色	紫
茎	茎粗细	中	茎长短	中
	茎色	浓紫	顶端茸毛	多
	基部分枝	少	株型	匍匐
薯块	薯形	纺锤形	薯块大小	较大
	皮色	白黄	肉色	橘黄
	薯皮粗滑	光滑、无条沟		

主要特性

萌芽性	中	茎叶生长势	中
单株结薯数	中	结薯习性	较早而集中
自然开花性	不开花	季节型	春夏薯
耐旱性	差	耐湿性	差
耐肥性	强	烘干率	28.6%
熟食味	上	淀粉率	17.87%
鲜薯产量	高	可溶性糖	3.12%
耐贮性	中	粗蛋白	1.45%
抗病虫性	感根腐病和茎线虫病，不抗黑斑病		

栽培及其他 适宜在丘陵平原肥水条件好的沙壤土栽植。曾在辽宁西北部推广面积达 60 万亩以上。是一个优良的食用和加工原料品种。注意防治病害。

农大 426

品种来源 北京农业大学（现中国农业大学）以内原为母本、北京553为父本，进行有性杂交选育而成。

主要特征

叶	叶色	浓绿	顶叶色	绿
	叶大小	中	叶形	浅复缺刻
	叶脉色	紫	脉基色	紫
茎	茎粗细	粗	茎长短	较长
	茎色	浅紫	顶端茸毛	中
	基部分枝	多	株型	匍匐
薯块	薯形	短纺锤形	薯块大小	大
	皮色	淡黄	肉色	淡黄近白
	薯皮粗滑	较光滑、无条沟		

主要特性

萌芽性	好	茎叶生长势	强
单株结薯数	中	结薯习性	较早集中
自然开花性	不开花	季节型	春夏薯
耐旱性	较强	耐湿性	中
耐肥性	强	烘干率	26%
熟食味	中	耐贮性	中
鲜薯产量	高		
抗病虫性	较抗黑斑病		

栽培及其他 该品种综合性状较好，本来在生产中有一定利用价值，但与同时间各地育成的品种相比，农大426没有更大的竞争优势，在生产中基本没有推开。

农大 426

北京红

品种来源 中国科学院遗传研究所从“胜利百号的无性变异块芽”选育而成。

主要特征

叶	叶色	绿	顶叶色	绿
	叶大小	中	叶形	心齿或浅单缺刻
	叶脉色	紫	脉基色	紫
茎	茎粗细	中	茎长短	中
	茎色	紫红	顶端茸毛	中
	基部分枝	中	株型	半直立
薯块	薯形	纺锤形或下膨纺锤形	薯块大小	较大
	皮色	红	肉色	白淡黄
	薯皮粗滑	较光滑、无条沟		

主要特性

萌芽性	好	茎叶生长势	中上
单株结薯数	中	结薯习性	较早较集中
自然开花性	不开花	季节型	春夏薯
耐旱性	强	耐湿性	中
耐肥性	强	烘干率	30%
熟食味	上	耐贮性	好
鲜薯产量	高		
抗病虫性	抗茎线虫病，较抗黑斑病，重感根腐病。		

栽培及其他 该品种在胜利百号退化的地方推广，曾在河北、河南、安徽种植过。

北京红

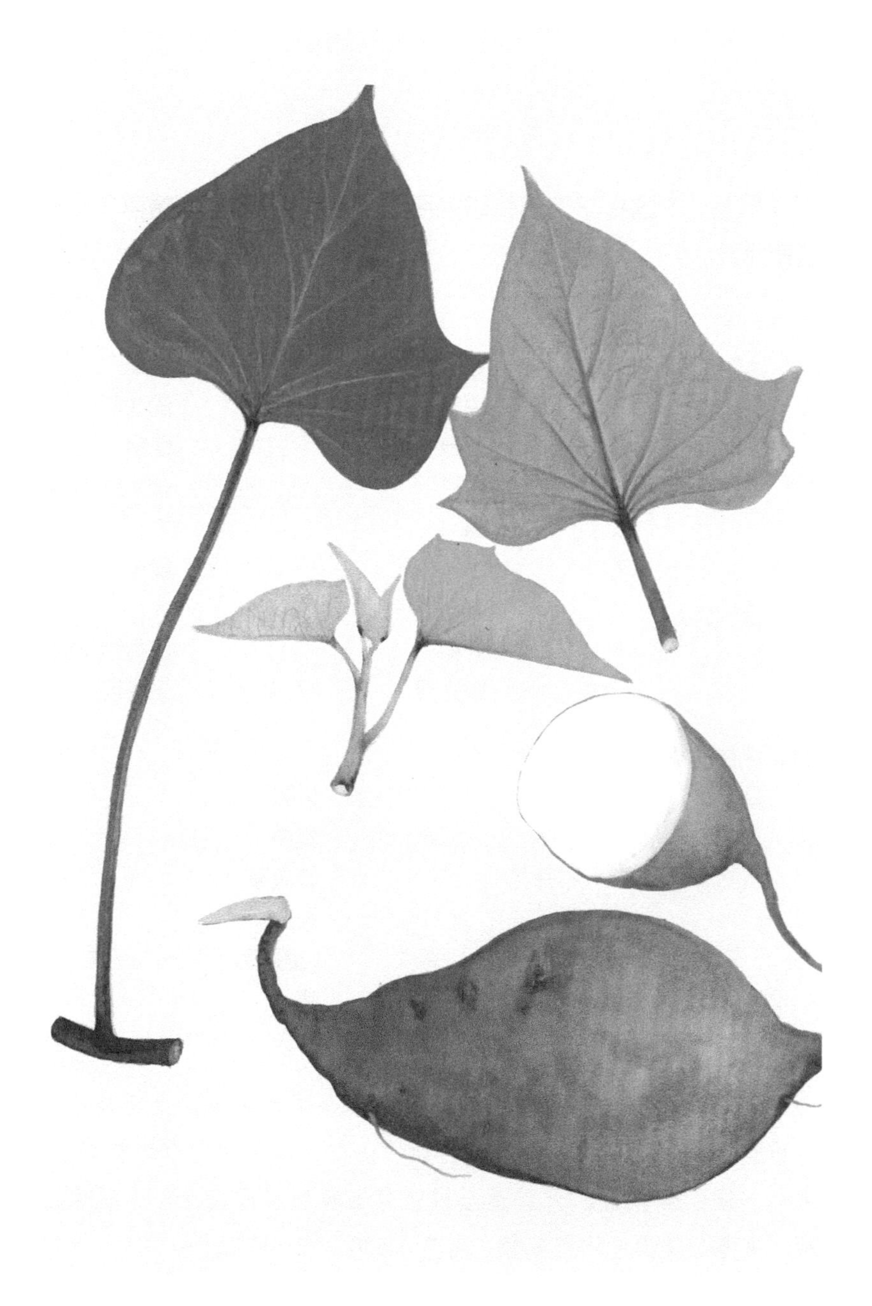

遗字 138

品种来源 中国科学院遗传研究所以“胜利百号 × 南瑞苕”杂交选育而成。

主要特征

叶	叶色	绿	顶叶色	淡绿
	叶大小	中	叶形	浅缺刻
	叶脉色	淡绿微紫	脉基色	红紫
茎	茎粗细	中	茎长短	长
	茎色	绿	顶端茸毛	中
	基部分枝	中	株型	匍匐
薯块	薯形	下膨纺锤形	薯块大小	大
	皮色	红褐	肉色	淡黄带橘红
	薯皮粗滑	较光滑	条沟	无条沟

主要特性

萌芽性	好	茎叶生长势	较强
单株结薯数	较多	结薯习性	集中
自然开花性	不开花	季节型	春夏薯
耐旱性	强	耐湿性	强
耐肥性	强	切干率	（夏薯晒干）26% 左右
熟食味	上	鲜薯产量	高
抗病虫性	较抗黑斑病，感黑痣病		

栽培及其他 该品种适应性强，1965 年全国甘薯会议上曾被推荐为重点推广品种之一，北京、河北、山东、河南等省市均有栽植。肉色美观、食味好，尤其适合城市郊区种植。适应性广，平原肥地、瘠薄丘陵山地均可栽植。亩产 1 500 ~ 2 500 kg。

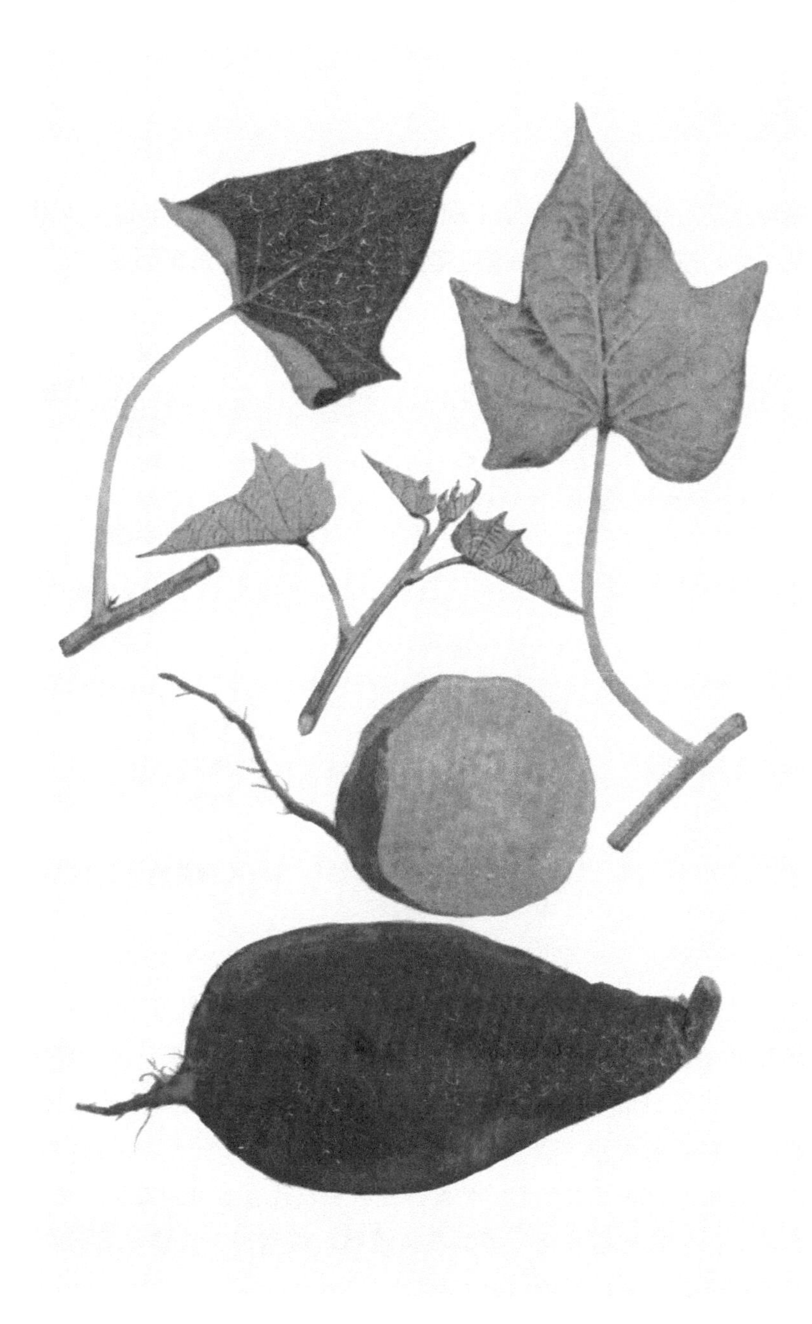

农大红

品种来源 北京农业大学（现中国农业大学）1957年以“河北351×广东自然杂交田间落粒实生苗”杂交后代中选育而成。

主要特征

叶	叶色	绿	顶叶色	绿
	叶大小	小	叶形	心脏形带齿
	叶脉色	淡绿	脉基色	微紫
茎	茎粗细	中	茎长短	短
	茎色	绿	顶端茸毛	少
	基部分枝	多	株型	半直立
薯块	薯形	纺锤形	薯块大小	大
	皮色	暗红	肉色	淡黄
	薯皮粗滑	较粗糙	条沟	无条沟

主要特性

萌芽性	好	茎叶生长势	较强
单株结薯数	中	结薯习性	集中
自然开花性	开花	季节型	春薯
耐旱性	强	耐湿性	中
耐肥性	中	切干率	（春薯晒干）28%
熟食味	中	鲜薯产量	高
抗病虫性	抗黑斑病		

栽培及其他 该品种突出特点是耐旱耐瘠，在四川省1967年及1971年的干旱年份，农大红比四川当地推广种增产极显著。曾在四川省内江、涪陵（现重庆市涪陵区）、万县（现重庆市万州区）等地，陕西省关中、陕南地区及河北省保定地区引种、示范和推广，面积达200万亩以上。此外，该品种还适合盐碱地栽植。株型半直立，可适间套作用。因其抗逆性强、株型好，又能自然开花，可用作亲本。亩产2 000 kg左右。

农大红

北京蜜瓜

品种来源 北京市农林科学院 1968 年从河北 351 放任授粉后代中选育而成。

主要特征

叶	叶色	绿	顶叶色	淡绿
	叶大小	中	叶形	心脏形带齿
	叶脉色	紫	脉基色	紫
茎	茎粗细	中	茎长短	中
	茎色	绿带紫	顶端茸毛	中
	基部分枝	中	株型	匍匐
薯块	薯形	纺锤形	薯块大小	大
	皮色	深红	肉色	白黄
	薯皮粗滑	粗糙	条沟	无条沟

主要特性

萌芽性	好	茎叶生长势	强
单株结薯数	中	结薯习性	早而集中
自然开花性	不开花	季节型	春夏薯
耐旱性	中	耐湿性	中
耐肥性	中	切干率	（夏薯烘干）23% 左右
熟食味	中	鲜薯产量	高
抗病虫性	较抗黑斑病、抗根腐病、感软腐病		

栽培及其他 该品种结薯早、前期膨大快，田间管理中追肥要早。贮藏中淀粉转化快，薯块含可溶性糖分高，贮藏期注意防治软腐病。亩产 2 000 ~ 3 000 kg。

京薯 1 号

品种来源 北京农学院由北京蜜瓜系统选育而成。1989 年经北京市农作物品种审定委员会审定通过，并命名为京薯 1 号。

主要特征

叶	叶色	绿	顶叶色	淡绿
	叶大小	中	叶形	心脏形有齿
	叶脉色	紫	脉基色	紫
茎	茎粗细	中	茎长短	中
	茎色	绿带淡紫	顶端茸毛	少
	基部分枝	较多	株型	匍匐
薯块	薯形	纺锤形	薯块大小	大
	皮色	紫红	肉色	淡黄
	薯皮粗滑	粗糙		

主要特性

萌芽性	中	茎叶生长势	中
单株结薯数	中	结薯习性	集中
自然开花性	不开花	季节型	春夏薯
耐旱性	中	耐湿性	中
耐肥性	强	切干率	29% 左右
熟食味	上	幼苗生长势	中
抗病虫性	抗根腐病	鲜薯产量	高

栽培及其他 宜合理密度，在北方中等肥力土壤，春薯每亩 3 500 ~ 4 000 株。为了促进发棵宜每亩 10 kg 硫酸铵掩底或苗期追施，北方盖农膜栽培增产显著。薯皮薄，收获时应轻拿轻放，有伤薯块不贮藏。适合华北、华中沙壤土栽培。

京薯1号

遗字 306

品种来源 中国科学院遗传研究所（现遗传与发育生物学研究所）1983 年以“南丰 × 徐薯 18”进行有性杂交，选育而成。1989 年经北京市农作物品种审定委员会审定通过，并定名为遗字 306。

主要特征

叶	叶色	绿	顶叶色	绿
	叶大小	中	叶形	心脏形
	叶脉色	紫	脉基色	紫
茎	茎粗细	中	茎长短	长
	茎色	绿	顶端茸毛	少
	基部分枝	中	株型	匍匐
薯块	薯形	长纺锤形	薯块大小	较大
	皮色	紫红	肉色	白
	薯皮粗滑	光滑		

主要特性

萌芽性	特好	茎叶生长势	强
单株结薯数	多	结薯习性	较集中
自然开花性	不开花	季节型	春薯
耐旱性	强	耐湿性	较差
耐肥性	中	切干率	35% 左右
熟食味	中上	幼苗生长势	强
抗病虫性	抗黑斑病	鲜薯产量	较高

栽培及其他 不同水肥条件扦插密度不同。平原水肥地栽春薯每亩 3 000 ~ 3 500 株，丘陵、山坡旱薄地每亩 4 000 株左右，夏薯留种地每亩 4 000 ~ 5 000 株。肥力不足者施有机肥料配合氮磷钾复合肥。有徒长现象时，喷缩节胺控制。适合我国长江、淮河、黄河流域及北方丘陵、山坡及非低洼之平地栽植。

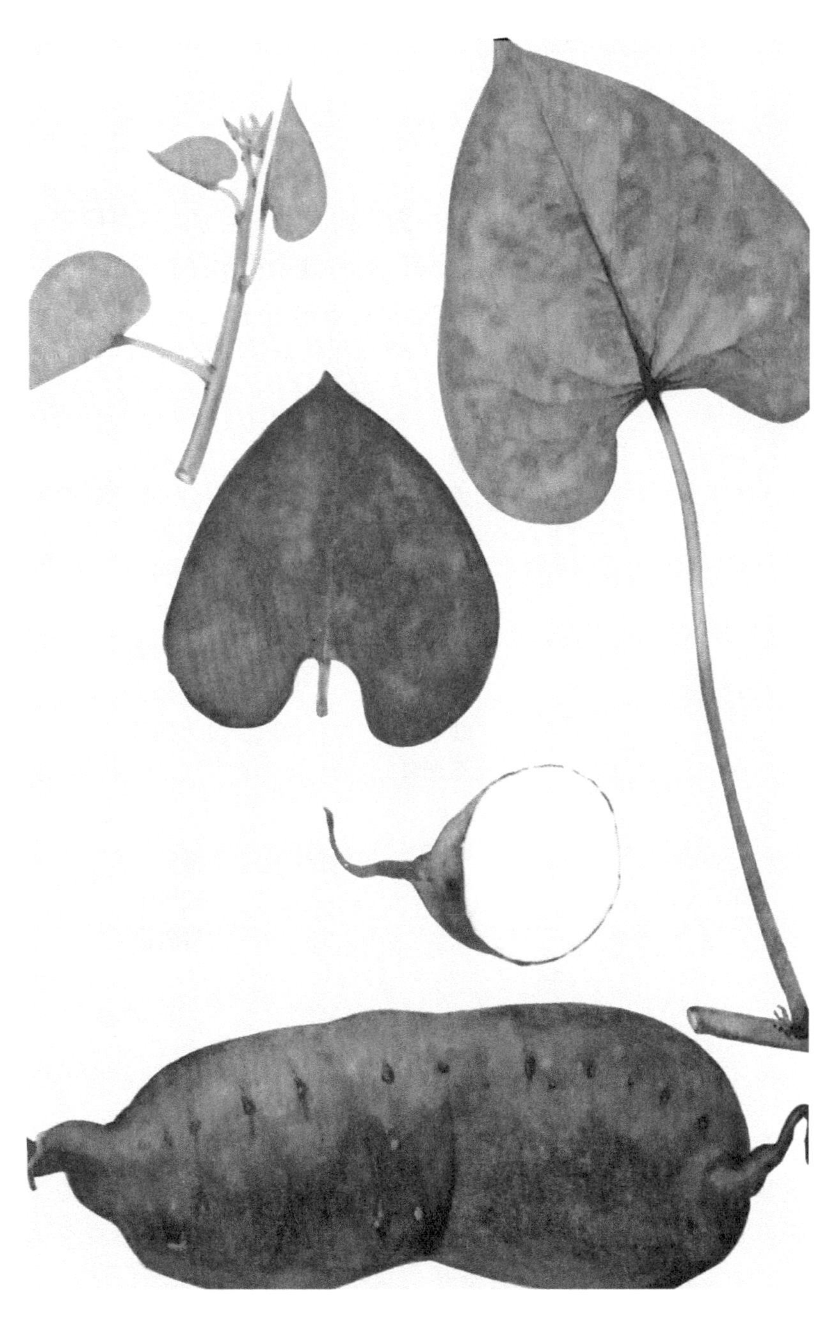

农大 22

品种来源 北京农业大学（现中国农业大学）用徐州甘薯研究中心提供的“徐薯 18× 宁薯 2 号”的有性杂交种子，选育而成。1990 年北京市农作物品种审定委员会审定通过，定名为农大 22。系号 84-2-2。

主要特征

叶	叶色	绿	顶叶色	淡绿
	叶大小	大	叶形	心脏形或带齿
	叶脉色	紫	脉基色	紫
茎	茎粗细	粗	茎长短	长
	茎色	绿带紫	顶端茸毛	多
	基部分枝	较少	株型	匍匐
薯块	薯形	纺锤形	薯块大小	较大
	皮色	红	肉色	白黄
	薯皮粗滑	不光滑		

主要特性

萌芽性	好	茎叶生长势	强
单株结薯数	中	结薯习性	较集中
自然开花性	不开花	季节型	春夏薯
耐旱性	中	耐湿性	中
耐肥性	中	切干率	32% 左右
熟食味	中	幼苗生长势	强
抗病虫性	高抗根腐病	鲜薯产量	高

栽培及其他 耕作时进行土壤处理，防治蛴螬等地下害虫。扦插时缺墒则要浇水栽苗。前期亩追尿素 3 ~ 5 kg，并及时锄草，适量灌水，促薯苗早发。薯块和茎叶粗蛋白含量高，宜作饲料。适宜北京、天津及陕西南部夏薯区栽植。

农大 22

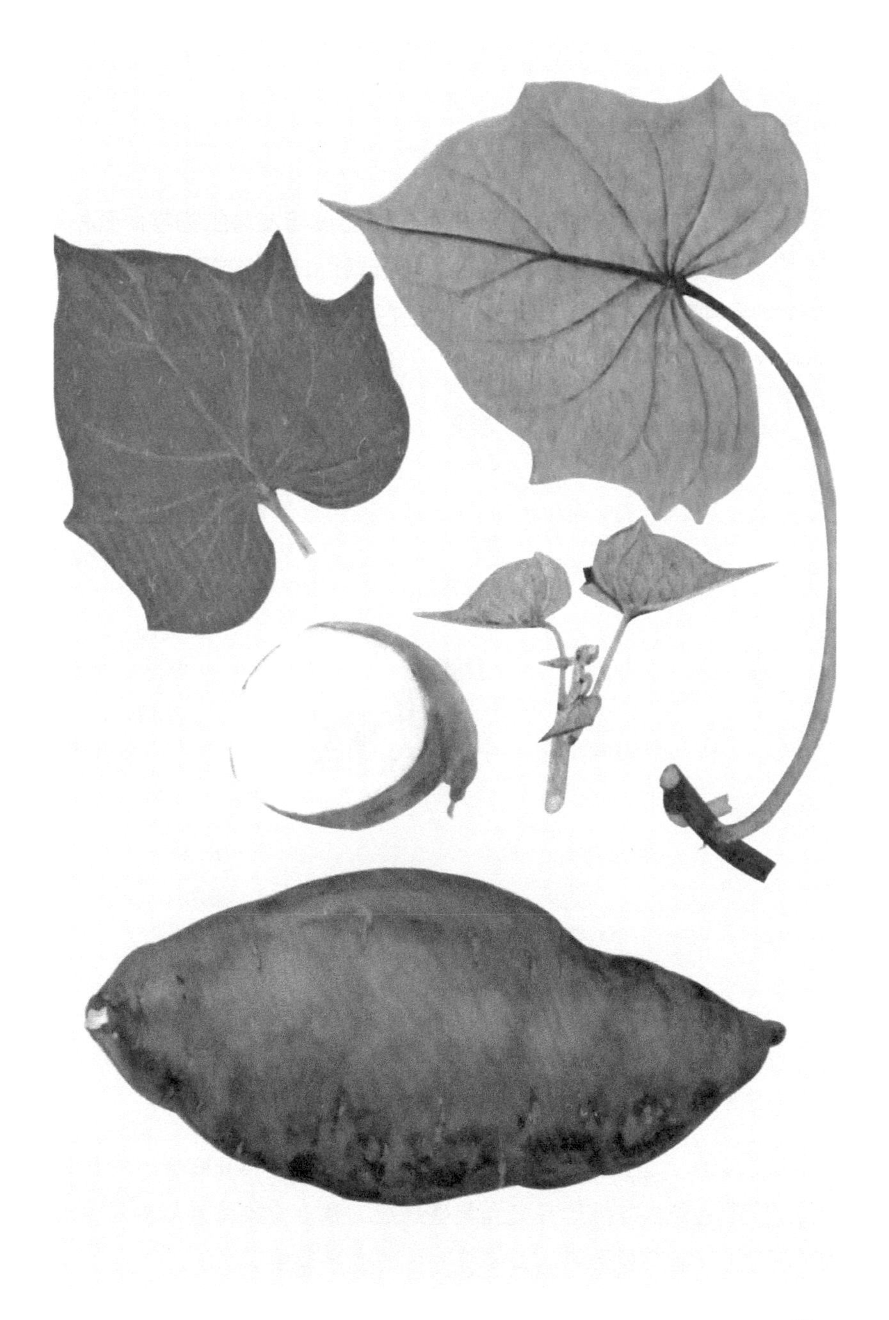

遗字 513

品种来源　中国科学院遗传研究所（现遗传与发育生物学研究所）以“L4-5× 遗 306”进行有性杂交选育而成。1992 年经北京市农作物品种审定委员会审定通过，定名为遗字 513。

主要特征

叶	叶色	浓绿	顶叶色	绿
	叶大小	中	叶形	浅复缺刻
	叶脉色	紫	脉基色	紫
茎	茎粗细	细	茎长短	长
	茎色	绿带紫	顶端茸毛	少
	基部分枝	中	株型	匍匐
薯块	薯形	短纺锤形	薯块大小	较大
	皮色	淡黄	肉色	淡黄
	薯皮粗滑	中		

主要特性

萌芽性	好	茎叶生长势	中
单株结薯数	较少	结薯习性	集中
自然开花性	不开花	季节型	春薯
耐旱性	中	耐湿性	中
耐肥性	中	切干率	37% 左右
熟食味	上	幼苗生长势	中
抗病虫性	抗黑斑病等	鲜薯产量	较高

栽培及其他　适宜作春薯，密度为每亩 3 500 ~ 4 000 株，中肥即可。旱薄地重施有机肥料配合氮磷钾肥。适合黄淮海流域的平原及丘陵地区以生产薯干和加工淀粉为主的春薯栽植。

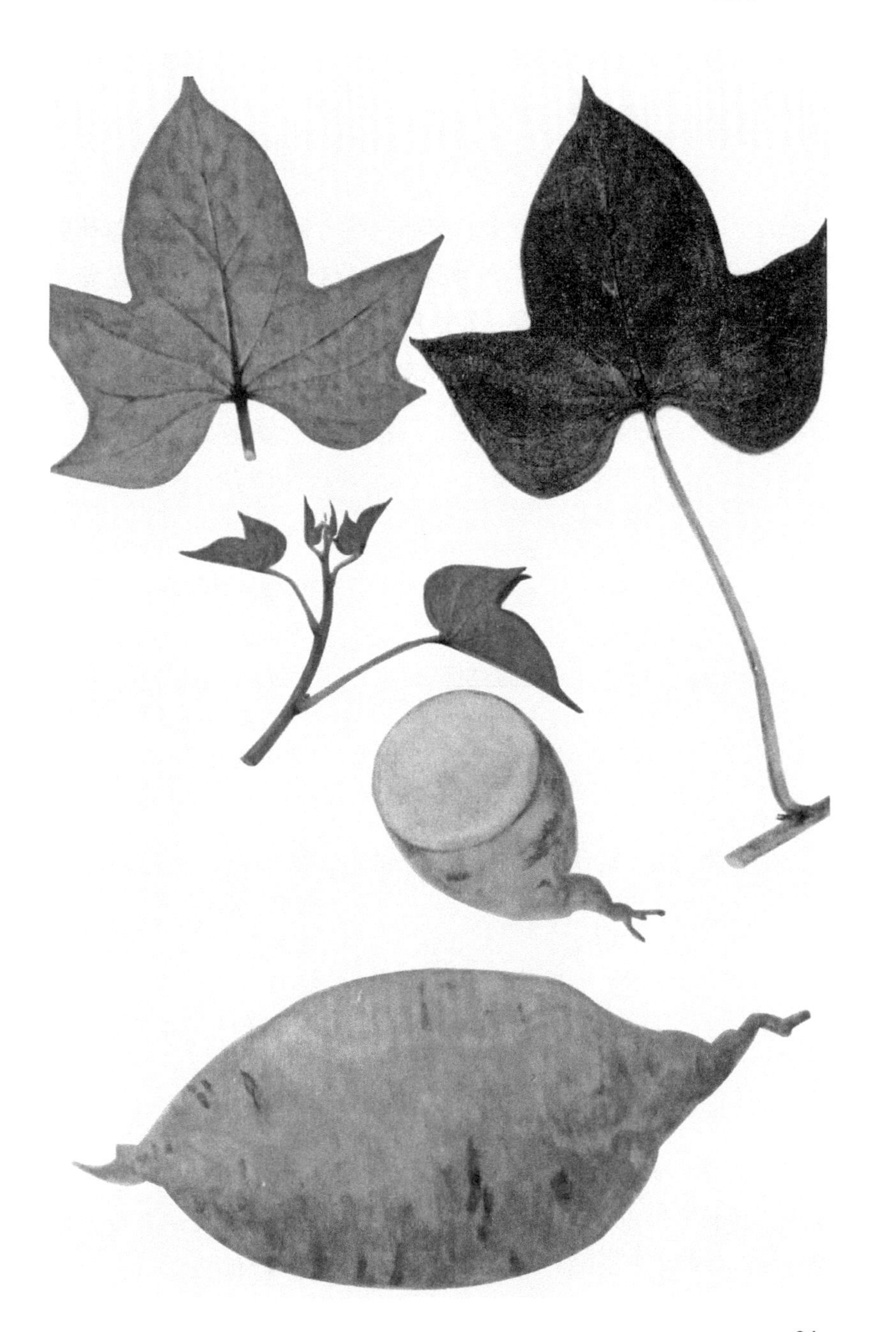

烟薯 1 号

品种来源 山东省烟台市农业科学研究所（现烟台市农业科学研究院）1963 年以“胜利百号 × 南瑞苕”杂交选育而成。1982 年山东省农作物品种审定委员会认定推广。系号 63-2696。

主要特征

叶	叶色	绿	顶叶色	淡绿
	叶大小	中	叶形	心脏形，也有带齿的
	叶脉色	紫	脉基色	紫
茎	茎粗细	中	茎长短	中
	茎色	紫	顶端茸毛	多
	基部分枝	中	株型	匍匐
薯块	薯形	下膨纺锤形	薯块大小	大
	皮色	红	肉色	淡黄
	薯皮粗滑	较光滑	条沟	无条沟

主要特性

萌芽性	中，苗少而壮	茎叶生长势	强
单株结薯数	多	结薯习性	较早、集中
自然开花性	不开花	季节型	春夏薯
耐旱性	强	耐湿性	较强
耐肥性	较强	切干率	（春薯晒干）32% 左右
熟食味	中	鲜薯产量	高
抗病虫性	较抗黑斑病		

栽培及其他 该品种主要分布在山东省丘陵旱薄地，1975 年推广以来，面积曾达 400 余万亩。栽培中注意多留种薯，火炕育苗，小垄密植。一般亩产 2 000 ~ 3 000 kg，高产可达 4 500 kg。

烟薯 1 号

烟薯 3 号

品种来源 山东省烟台市农业科学研究所（现烟台市农业科学研究院）1965 年以华北 52-45 作母本放任授粉后代中选育而成。系号 65-78。

主要特征

叶	叶色	绿	顶叶色	绿
	叶大小	小	叶形	浅缺刻，近三角形
	叶脉色	微紫	脉基色	紫
茎	茎粗细	中	茎长短	短
	茎色	绿带紫	顶端茸毛	少
	基部分枝	中	株型	半直立
薯块	薯形	纺锤形	薯块大小	大
	皮色	微红	肉色	淡黄
	薯皮粗滑	较光滑、无条沟		

主要特性

萌芽性	好	茎叶生长势	中
单株结薯数	少	结薯习性	早而集中
自然开花性	不开花	季节型	春夏薯
耐旱性	中	耐湿性	强
耐肥性	强	切干率	（春薯晒干）36.5%
熟食味	上	鲜薯产量	高
抗病虫性	高抗根腐病		

栽培及其他 该品种主要分布在山东省烟台市、泰安市和其他根腐病病区，推广面积曾达 150 万亩。栽培中注意早收、摘拐、高温愈伤、预防贮藏期病害。亩产 2 000 kg 以上。

烟薯 3 号

烟薯 6 号

品种来源 山东省烟台市农业科学研究所（现烟台市农业科学研究院）1972 年从"华北 52-45 × 济薯 2 号"的杂交后代中选育而成。原系号 72-579。

主要特征

叶	叶色	绿	顶叶色	绿
	叶大小	中	叶形	浅单缺刻
	叶脉色	浓紫	脉基色	浓紫
茎	茎粗细	粗	茎长短	中
	茎色	绿带紫	顶端茸毛	多
	基部分枝	中	株型	匍匐
薯块	薯形	纺锤形	薯块大小	中
	皮色	红	肉色	淡黄
	薯皮粗滑	较光滑		

主要特性

萌芽性	中	茎叶生长势	中
单株结薯数	较多	结薯习性	较集中
自然开花性	不开花	季节型	春薯
耐旱性	中	耐湿性	中
耐肥性	强	烘干率	27.5%
熟食味	中	淀粉率	18.41%
鲜薯产量	高	可溶性糖	2.64%
耐贮性	好	粗蛋白	1.39%
抗病虫性	高抗茎线虫病和黑斑病，抗根腐病		

栽培及其他 提高密度明显增产，春夏薯分别为 4 500 株 / 亩和 5 000 株 / 亩。因抗病虫性好，适宜在肥力好的山丘地栽培。茎线虫病地作春薯栽植，鲜薯产量也较高。还可作高产、优质、抗病育种亲本利用。

烟薯6号

烟薯 8 号

品种来源 山东省烟台市农业科学研究所（现烟台市农业科学研究院）1972 年从“丰收黄 × 台农 10 号”杂交后代中选育而成。1982 年山东省农作物品种审定委员会认定推广。原系号为 72-108。

主要特征

叶	叶色	绿	顶叶色	绿
	叶大小	中	叶形	心脏形
	叶脉色	紫	脉基色	紫
茎	茎粗细	中	茎长短	短
	茎色	绿带紫	顶端茸毛	较少
	基部分枝	多	株型	匍匐、疏散
薯块	薯形	纺锤形	薯块大小	较大
	皮色	土黄	肉色	淡黄带红晕
	薯皮粗滑	较粗糙、无条沟		

主要特性

萌芽性	好	茎叶生长势	强
单株结薯数	较少	结薯习性	早而集中
自然开花性	不开花	季节型	春夏薯
耐旱性	强	耐湿性	中
耐肥性	弱	切干率	（春薯晒干）26% ~ 32.8%
熟食味	中	鲜薯产量	高
抗病虫性	抗黑斑病		

栽培及其他 该品种在山东省已推广 20 万 ~ 30 万亩。薯蔓脆而多汁，生物学产量高，可作饲料薯品种利用。育苗时注意用 500 倍多菌灵处理种薯或 1 000 倍多菌灵药液浸苗预防蔓割病。适宜在山丘薄地栽植，不宜在肥涝洼地栽培。一般亩产 2 000 ~ 3 000 kg，高产可达 4 000 kg 以上。

烟薯 8 号

鲁薯 1 号

品种来源 山东省农业科学院 1976 年从“台农 10 号 × 丰收黄”杂交后代中选育而成。1983 年，经山东省农作物品种审定委员会审定通过，并命名为鲁薯 1 号。原系号 76010。

主要特征

叶	叶色	绿	顶叶色	绿、边缘带褐
	叶大小	中	叶形	浅裂单缺刻
	叶脉色	淡绿带紫	脉基色	紫
茎	茎粗细	粗	茎长短	中
	茎色	绿带褐	顶端茸毛	多
	基部分枝	多	株型	匍匐
薯块	薯形	下膨纺锤形	薯块大小	较大
	皮色	淡红	肉色	淡黄
	薯皮粗滑	光滑		

主要特性

萌芽性	好	茎叶生长势	强
单株结薯数	较多	结薯习性	早而集中
自然开花性	不开花	季节型	春夏薯
耐旱性	较强	耐湿性	中
耐肥性	中	切干率	30% 左右
熟食味	上	幼苗生长势	强
抗病虫性	较抗黑斑病	鲜薯产量	高

栽培及其他 育苗时排薯略稀些，培育壮苗，栽植密度每亩 3 000 ~ 4 000 株，直插或斜插减少单株结薯数，提高大薯率，重施基肥，看苗追肥，氮、磷、钾肥配合施。适宜在非根腐病区应用。

鲁薯1号

鲁薯 2 号

品种来源 山东省烟台市农业科学研究所（现烟台市农业科学研究院）1977 年从烟薯 3 号放任授粉后代中选育而成。1986 年经山东省农作物品种审定委员会审定通过，定名为鲁薯 2 号。系号 77-600。

别　　名 烟薯 12 号。

主要特征

叶	叶色	绿	顶叶色	绿
	叶大小	中	叶形	尖心脏形、浅裂单缺
	叶脉色	紫	脉基色	紫
茎	茎粗细	中	茎长短	较短
	茎色	绿	顶端茸毛	较多
	基部分枝	较多	株型	匍匐
薯块	薯形	纺锤形	薯块大小	大
	皮色	紫红	肉色	淡黄
	薯皮粗滑	光滑		

主要特性

萌芽性	中下	茎叶生长势	强
单株结薯数	中	结薯习性	集中
自然开花性	不开花	季节型	春夏薯
耐旱性	中上	耐湿性	中
耐肥性	中上	切干率	35% 左右
熟食味	上	幼苗生长势	较强
抗病虫性	高抗黑斑病，抗根腐病	鲜薯产量	高

栽培及其他 育苗时高温催芽，可提高出苗数量。扦插密度：春薯每亩 4 000 ~ 4 500 株，夏薯每亩 4 500 ~ 5 000 株。霜前收刨，及时切晒干，可提高薯干产量和品质。适合在山区、丘陵、平原薯区应用。

鲁薯 2 号

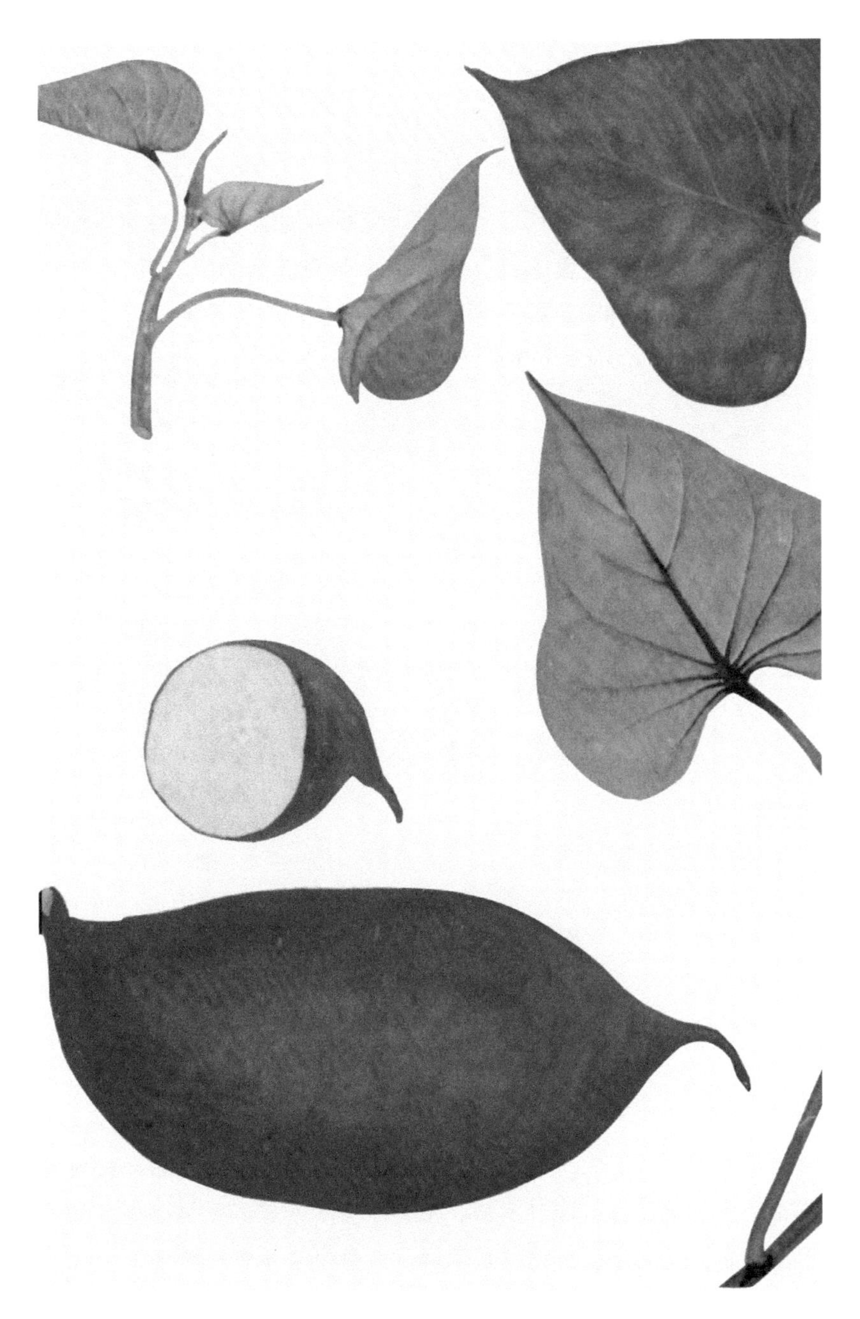

鲁薯 3 号

品种来源 山东省烟台市农业科学研究所（现烟台市农业科学研究院）以“徐薯 18× 美国红”进行有性杂交选育而成。1989 年经山东省农作物品种审定委员会审定通过，并命名为鲁薯 3 号。

主要特征

叶	叶色	绿	顶叶色	绿
	叶大小	中	叶形	心脏形
	叶脉色	绿	脉基色	微褐
茎	茎粗细	较粗	茎长短	中
	茎色	绿	顶端茸毛	多
	基部分枝	中	株型	匍匐
薯块	薯形	纺锤形	薯块大小	大
	皮色	紫红	肉色	白
	薯皮粗滑	光滑		

主要特性

萌芽性	中	茎叶生长势	强
单株结薯数	中	结薯习性	集中
自然开花性	不开花	季节型	春夏薯
耐旱性	强	耐湿性	中
耐肥性	中	切干率	33% 左右
熟食味	中上	幼苗生长势	强
抗病虫性	抗黑斑病等	鲜薯产量	高

栽培及其他 适宜火坑育苗，或先进行高温催芽而上苗床，促使多出苗。由于该品种抗多种病害，应用于多种病害齐发的复病区增产十分突出，是一个很好的抗病品种。栽培中常规管理即可。

鲁薯3号

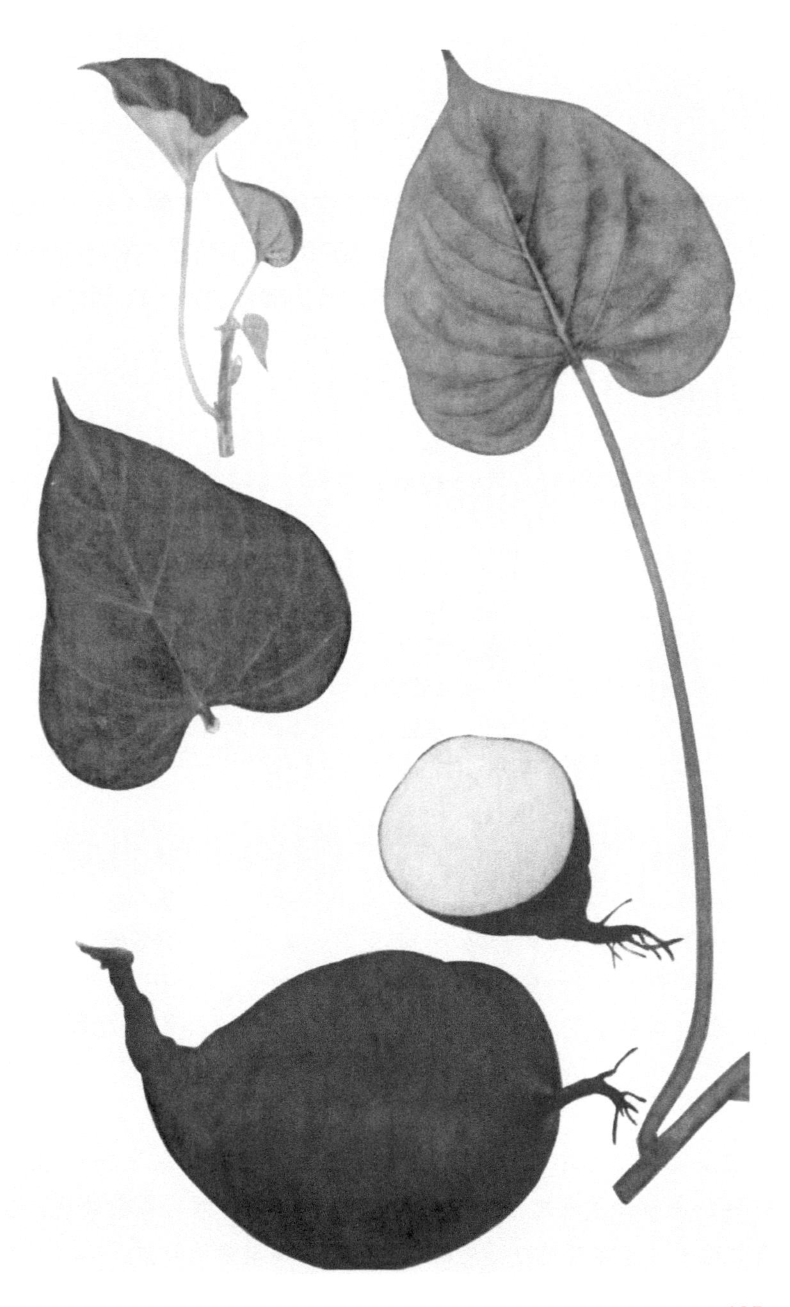

鲁薯 4 号

品种来源 山东省济宁市农业科学研究院所以“丰薯 1 号 × 华北 52-45”进行有性杂交选育而成。1989 年经山东省农作物品种审定委员会审定通过，并命名为鲁薯 4 号。系号 79-259，曾用名济宁 2 号。

主要特征

叶	叶色	绿	顶叶色	绿
	叶大小	较大	叶形	心脏形
	叶脉色	紫	脉基色	紫
茎	茎粗细	较粗	茎长短	中
	茎色	绿带紫	顶端茸毛	中
	基部分枝	较少	株型	半直立
薯块	薯形	纺锤形	薯块大小	大
	皮色	淡红	肉色	白黄
	薯皮粗滑	光滑		

主要特性

萌芽性	中	茎叶生长势	强
单株结薯数	中	结薯习性	集中
自然开花性	不开花	季节型	春夏薯
耐旱性	强	耐湿性	中
耐肥性	中	切干率	31% 左右
熟食味	中上	幼苗生长势	强
抗病虫性	高抗根腐病	鲜薯产量	高

栽培及其他 春季育苗时要加大苗床用薯密度，每平方米 30 ~ 35 kg。扦插密度每亩 3 500 ~ 4 500 株。留种夏薯应霜前收获，安全贮藏。适宜在黄河流域应用。不宜在茎线虫病地栽植。

鲁薯 4 号

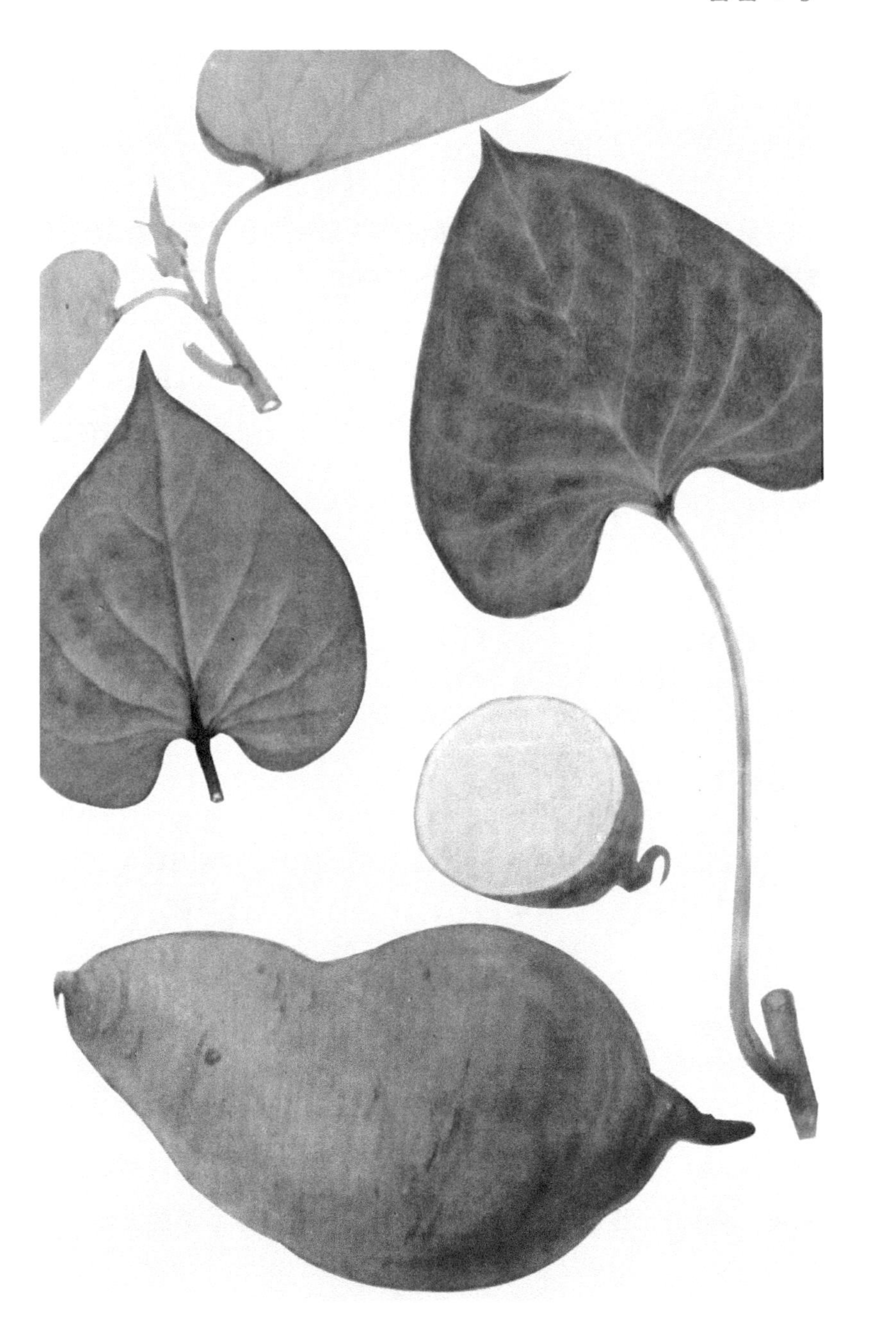

冀薯 872

品种来源 河北省农林科学院粮油作物研究所从“满村香放任授粉”后代中选育而成。原系号 64-1000872。

主要特征

叶	叶色	绿	顶叶色	淡绿
	叶大小	较小	叶形	心脏形或带齿
	叶脉色	绿微紫	脉基色	淡紫
茎	茎粗细	中	茎长短	中
	茎色	绿	顶端茸毛	多
	基部分枝	中	株型	匍匐
薯块	薯形	纺锤形	薯块大小	较大
	皮色	暗红	肉色	白黄
	薯皮粗滑	不光滑、无条沟		

主要特性

萌芽性	好	茎叶生长势	较弱
单株结薯数	较多	结薯习性	早而集中
自然开花性	不开花	季节型	夏薯
耐旱性	差	耐湿性	中
耐肥性	强	烘干率	31.1%
熟食味	中	耐贮性	中
鲜薯产量	较高		
抗病虫性	感黑斑病		

栽培及其他 该品种适宜在水肥条件好的地块栽植。因根系前期生长慢，要保持土壤湿润，勤中耕提高地温，促进根系早发快长。

冀薯 872

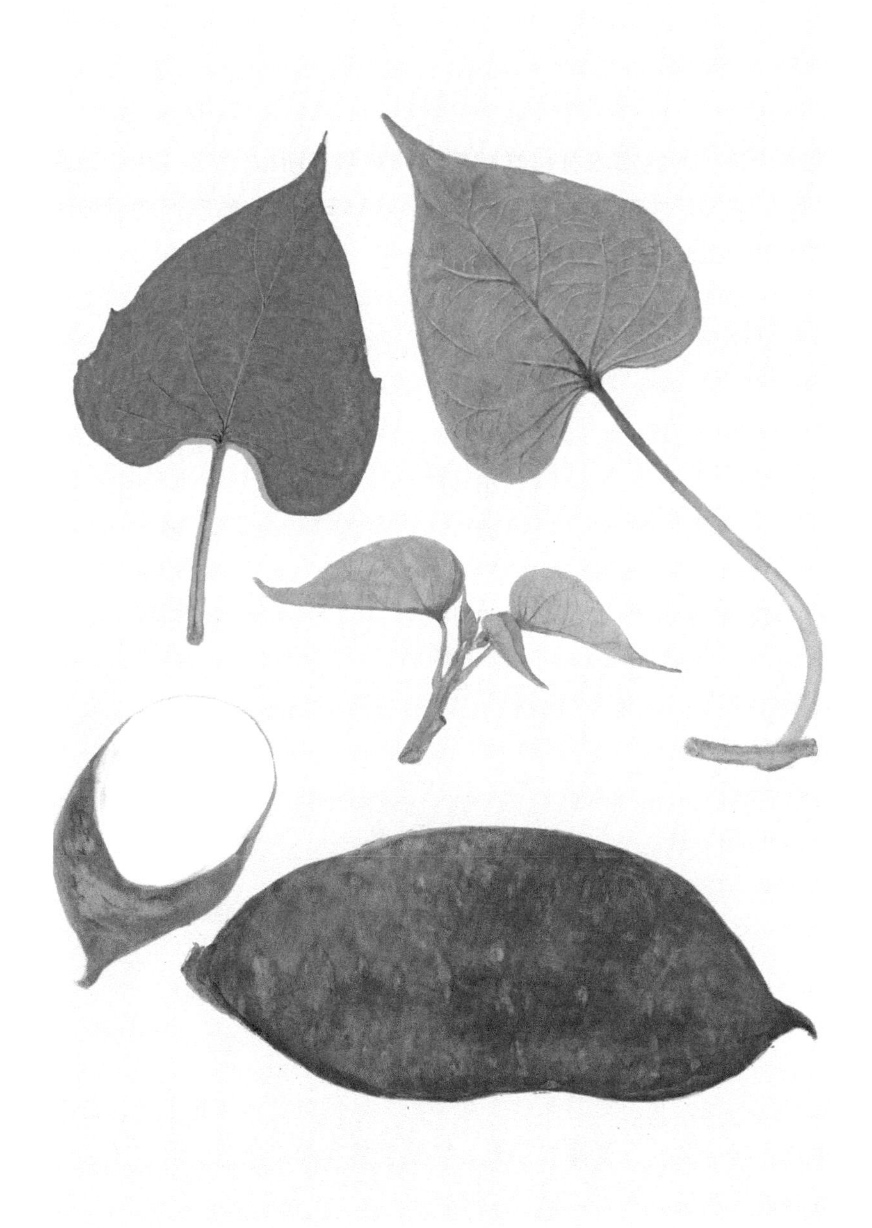

冀薯 2 号

品种来源 河北省农林科学院粮油作物研究所以“77-98 × 潮薯 1 号”进行有性杂交，选育而成。1988 年经河北省农作物品种审定委员会审定通过，并命名为冀薯 2 号。系号 82-8-15。

主要特征

叶	叶色	绿	顶叶色	绿
	叶大小	中	叶形	心脏形带齿
	叶脉色	绿	脉基色	微紫
茎	茎粗细	中	茎长短	长
	茎色	绿	顶端茸毛	多
	基部分枝	中	株型	匍匐
薯块	薯形	纺锤形	薯块大小	较大
	皮色	橘黄褐色	肉色	黄白
	薯皮粗滑	光滑		

主要特性

萌芽性	好	茎叶生长势	中
单株结薯数	中	结薯习性	集中
自然开花性	不开花	季节型	春夏薯
耐旱性	较强	耐湿性	中
耐肥性	较强	切干率	33% 左右
熟食味	中上	幼苗生长势	较强
抗病虫性	抗黑斑病	鲜薯产量	高

栽培及其他 育苗时苗床伏薯宜稀些，以促苗壮，重施基肥，前期追肥促茎叶早发，夏薯宜早栽。它是食用和加工兼用品种，适合北方春薯区栽植。

冀薯 2 号

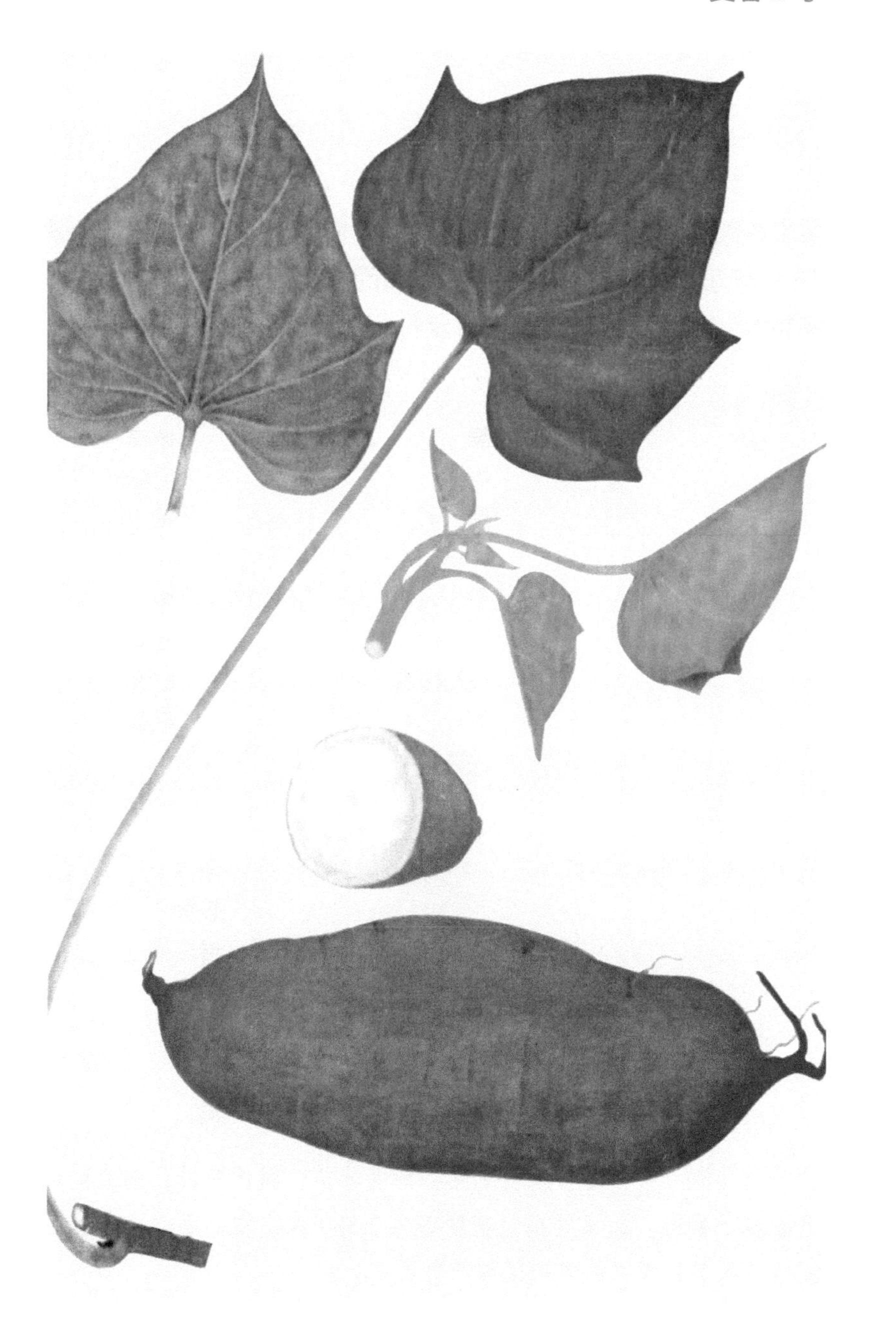

冀薯 3 号

品种来源 河北省农林科学院粮油作物研究所 1980 年以“徐薯 18× 华北 166”进行有性杂交，选育而成。1988 年经河北省农作物品种审定委员会审定通过，并定名为冀薯 3 号。系号冀 12-17。

主要特征

叶	叶色	绿	顶叶色	紫褐
	叶大小	中	叶形	心脏形
	叶脉色	紫	脉基色	紫
茎	茎粗细	较粗	茎长短	长
	茎色	绿	顶端茸毛	中
	基部分枝	中	株型	匍匐
薯块	薯形	长纺锤形	薯块大小	较大
	皮色	褐红	肉色	橘黄
	薯皮粗滑	光滑		

主要特性

萌芽性	好	茎叶生长势	强
单株结薯数	中	结薯习性	较集中
自然开花性	不开花	季节型	春夏薯
耐旱性	强	耐湿性	中
耐肥性	较强	切干率	28% 左右
熟食味	中上	幼苗生长势	强
抗病虫性	抗根腐病等	鲜薯产量	高

栽培及其他 育苗时苗床伏薯宜略稀促壮苗，耕作时进行土壤处理防治地下害虫。起垄扦插，密度每亩 3 500 株左右。适合北方薯区栽植，在多种病害的复病区增产更显著。

冀薯3号

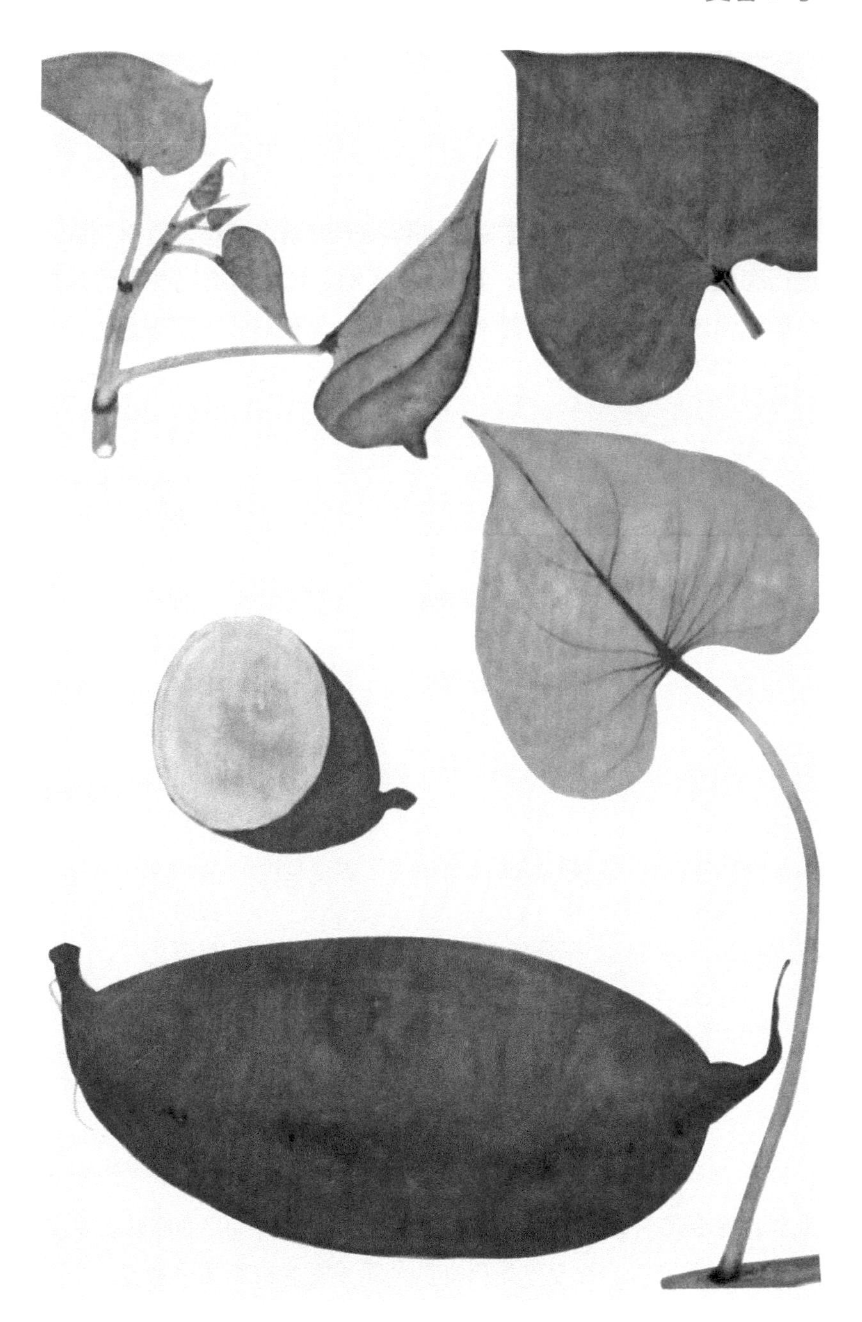

冀薯 4 号

品种来源　河北省农林科学院粮油作物研究所以“鸡蛋黄 × 宝石”进行有性杂交，选育而成。1992 年经河北省农作物品种审定委员会审定通过，并命名为冀薯 4 号，同年 9 月通过了国家审定。

主要特征

叶	叶色	绿	顶叶色	绿
	叶大小	中	叶形	心脏形缘有齿
	叶脉色	紫	脉基色	紫
茎	茎粗细	细	茎长短	中
	茎色	绿带紫	顶端茸毛	多
	基部分枝	中	株型	匍匐
薯块	薯形	纺锤形	薯块大小	大
	皮色	红	肉色	橘红
	薯皮粗滑	光滑		

主要特性

萌芽性	好	茎叶生长势	中
单株结薯数	中	结薯习性	集中、整齐
自然开花性	不开花	季节型	夏薯
耐旱性	较弱	耐湿性	较强
耐肥性	强	切干率	27% 左右
熟食味	中上	幼苗生长势	中
抗病虫性	较抗黑斑病	鲜薯产量	中上

栽培及其他　育苗时，苗床温度以 28 ~ 32℃为宜。施足基肥配合氮磷钾复合肥料，促前期早发棵。起垄扦插，每亩 3 500 株，夏薯 95 ~ 100 天收获。适合中等肥力以上无根腐病的夏薯区栽植。

冀薯4号

济薯 1 号

品种来源　山东省农业科学院 1965 年从“南瑞苕 × 胜利百号”杂交后代中选育而成。1982 年山东省农作物品种审定委员会认定推广。系号 65-1619。

主要特征

叶	叶色	绿	顶叶色	绿
	叶大小	中	叶形	心脏形，也有带齿及浅缺刻
	叶脉色	微紫	脉基色	紫
茎	茎粗细	中	茎长短	中
	茎色	绿	顶端茸毛	极少至无
	基部分枝	较多	株型	匍匐、较疏散
薯块	薯形	下膨纺锤形	薯块大小	大
	皮色	淡土黄	肉色	淡黄
	薯皮粗滑	较光滑、无条沟		

主要特性

萌芽性	好	茎叶生长势	强
单株结薯数	中	结薯习性	早而集中
自然开花性	不开花	季节型	夏薯
耐旱性	中	耐湿性	强
耐肥性	强	切干率	（夏薯晒干）28.5%
熟食味	中下至中	鲜薯产量	高
抗病虫性	抗根结线虫病，感黑斑病、根腐病		

栽培及其他　该品种结薯早、膨大快，适作夏薯。比胜利百号鲜、干重分别增产 38% ~ 61%、30% ~ 35%，已在山东省大面积推广。栽培中注意密度以每亩 4 000 ~ 5 000 株为适宜，落黄早，要及时追肥防止早衰。亩产 2 000 kg 以上，高产可达 4 000 kg 以上。

济薯 1 号

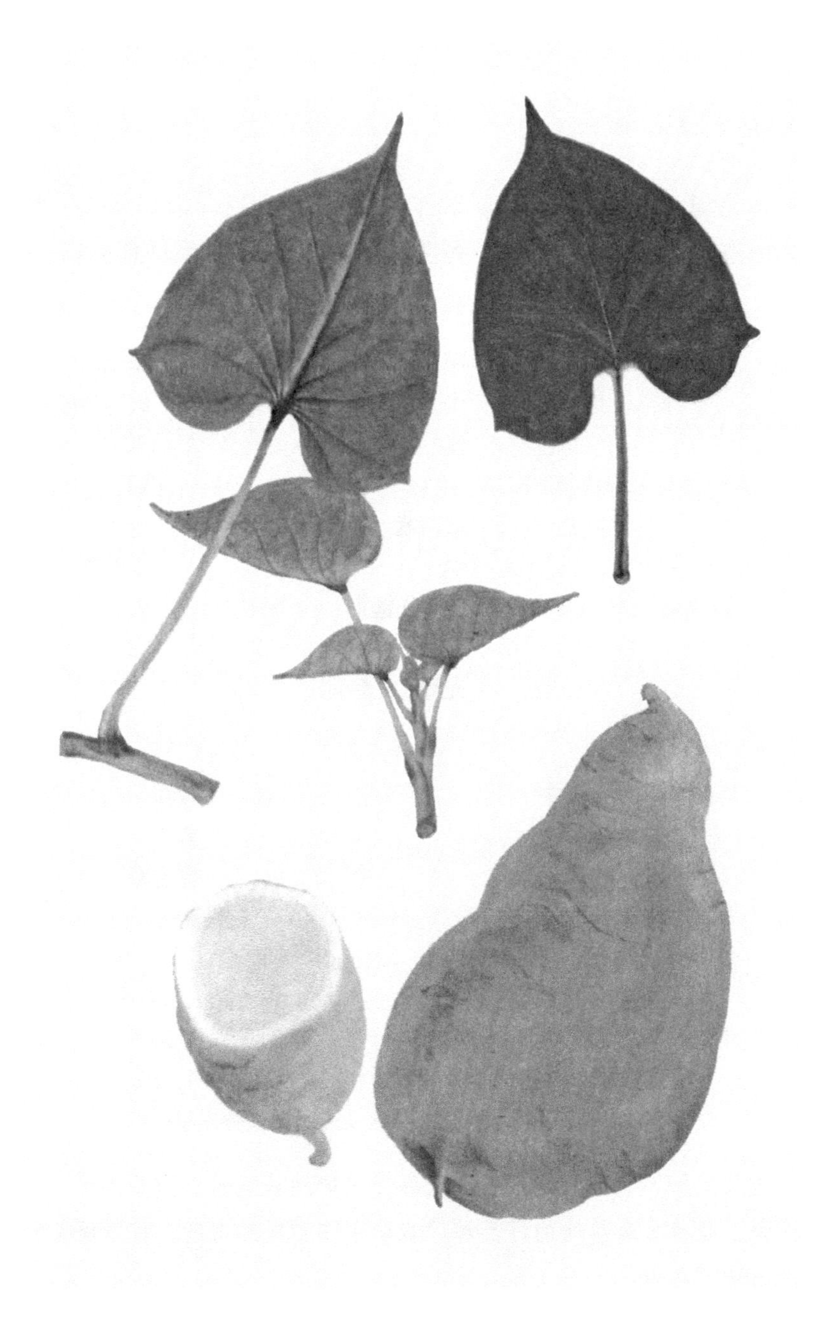

济南红

品种来源 山东省农业科学院作物研究所 1962 年以华北 52-45 为母本、华北 166 为父本，有性杂交选育而成。原系号 62-14。

主要特征

叶	叶色	绿	顶叶色	绿
	叶大小	中	叶形	戟形带齿
	叶脉色	紫	脉基色	紫
茎	茎粗细	中	茎长短	短
	茎色	绿带紫	顶端茸毛	无
	基部分枝	中	株型	半直立
薯块	薯形	上膨纺锤形	薯块大小	大
	皮色	红紫	肉色	白
	薯皮粗滑	光滑、无条沟		

主要特性

萌芽性	中	茎叶生长势	较弱
单株结薯数	中	结薯习性	集中
自然开花性	不开花	季节型	春夏薯
耐旱性	差	耐湿性	中
耐肥性	强	烘干率	34%
熟食味	上	淀粉率	23.16%
鲜薯产量	中	可溶性糖	3.37%
耐贮性	中	粗蛋白	1.98%
抗病虫性	较抗黑斑病，中感线虫病，重感根腐病		

栽培及其他 该品种适宜在水肥条件较好地块栽植。因品质优、食味佳，是熟食和烘烤的好品种。栽培中注意提高密度，抗旱保苗和防治地下害虫。

济南红

青农 1 号

品种来源 山东省青岛市农业科学研究所（现青岛市农业科学研究院）从铁钉蕃放任授粉自然杂交后代中选育而成。原系号 64-491。

主要特征

叶	叶色	绿	顶叶色	绿带边褐
	叶大小	小	叶形	浅复缺刻
	叶脉色	紫	脉基色	紫
茎	茎粗细	中	茎长短	中
	茎色	绿	顶端茸毛	中
	基部分枝	中	株型	匍匐
薯块	薯形	纺锤形	薯块大小	大
	皮色	紫红	肉色	白
	薯皮粗滑	较光滑、无条沟		

主要特性

萌芽性	中	茎叶生长势	中
单株结薯数	中	结薯习性	较早集中
自然开花性	不开花	季节型	春夏薯
耐旱性	强	耐湿性	强
耐肥性	强	烘干率	28%
熟食味	中	耐贮性	中
鲜薯产量	高		
抗病虫性	高抗根结线虫病，中抗根腐病		

栽培及其他 据山东省青岛市农业科学研究所试验，在根结线虫病地，该品种比当时推广种胜利百号增产 30% ~ 40%，是一个抗病良种。

青农1号

丰收黄

品种来源 山东省农业科学院作物研究所1965年以南瑞苕为母本、胜利百号为父本，进行有性杂交，从其后代中育成。原系号65-1596。

主要特征

叶	叶色	绿	顶叶色	绿带褐
	叶大小	大	叶形	浅复缺刻
	叶脉色	紫	脉基色	紫
茎	茎粗细	粗	茎长短	中
	茎色	紫	顶端茸毛	无
	基部分枝	中	株型	匍匐
薯块	薯形	下膨纺锤形	薯块大小	大
	皮色	黄	肉色	淡黄
	薯皮粗滑	不太光滑、无条沟		

主要特性

萌芽性	好	茎叶生长势	强
单株结薯数	中	结薯习性	较早、集中
自然开花性	不开花	季节型	春夏薯
耐旱性	中	耐湿性	强
耐肥性	强	烘干率	29.09%
熟食味	中上	淀粉率	20.14%
鲜薯产量	高	可溶性糖	1.95%
耐贮性	好	粗蛋白	1.43%
抗病虫性	感根腐病，重感黑斑病和线虫病		

栽培及其他 适宜在肥沃沙壤土做春薯栽植。早年曾在山东、河北、河南推广应用，主要在山东省临沂、泰安、济宁、德州、惠民、青岛等地有较大栽培面积。结薯性状好，也有作杂交育种亲本利用。

济薯 5 号

品种来源 山东省农业科学院作物研究所 1973 年从“南京 92 × 一窝红”杂交后代选育而成。原系号 73196。

主要特征

叶	叶色	绿	顶叶色	绿带褐
	叶大小	中	叶形	肾形带齿
	叶脉色	绿	脉基色	浅褐
茎	茎粗细	粗	茎长短	特长
	茎色	绿	顶端茸毛	少
	基部分枝	中	株型	匍匐
薯块	薯形	下膨纺锤形	薯块大小	大
	皮色	紫	肉色	淡黄
	薯皮粗滑	较光滑、无条沟		

主要特性

萌芽性	好	茎叶生长势	强
单株结薯数	中	结薯习性	早而集中
自然开花性	不开花	季节型	春夏薯
耐旱性	强	耐湿性	差
耐肥性	差	烘干率	31.64%
熟食味	上	淀粉率	21.08%
鲜薯产量	高	可溶性糖	2.22%
耐贮性	中	粗蛋白	1.44%
抗病虫性	较抗根腐病，抗根结线虫病，感黑斑病和茎线虫病		

栽培及其他 该品种耐旱，在丘陵平原旱地发展很快，20 世纪 80 年代在山东省各地推广 300 多万亩。注意防治黑斑病，多雨季节排水防涝。及时收获防止薯块发芽。

青农 2 号

品种来源 山东省青岛市农业科学研究所（现青岛市农业科学院）1964 年从紫叶百号自然杂交后代品系鉴定选育而成。系号 65-2570。

主要特征

叶	叶色	绿	顶叶色	淡绿
	叶大小	中	叶形	浅裂复缺刻
	叶脉色	淡绿至微紫	脉基色	微紫
茎	茎粗细	中	茎长短	中
	茎色	绿	顶端茸毛	较多
	基部分枝	较多	株型	匍匐
薯块	薯形	纺锤形	薯块大小	大
	皮色	红	肉色	白
	薯皮粗滑	较粗糙、无条沟		

主要特性

萌芽性	较差、出苗晚而少	茎叶生长势	强
单株结薯数	多	结薯习性	早而集中
自然开花性	不开花	季节型	春夏薯
耐旱性	中	耐湿性	强
耐肥性	中	切干率	（夏薯烘干）25% 左右
熟食味	中	鲜薯产量	高
抗病虫性	高抗根结线虫病，抗茎线虫病和黑斑病，感根腐病		

栽培及其他 在山东省青岛市、临沂地区及邻近省地市栽种，一般亩产 2 000 ~ 2 500 kg。在根结线虫病疫区增产显著，其耐肥性较强，在高肥地栽培，施足基肥，一般亩产 2 000 ~ 2 500 kg，可高达 4 000 kg。

青农2号

河北 351

品种来源 河北省农林科学院粮油作物研究所以“南瑞苕 × 农林4号”杂交选育而成。系号 51-351。

主要特征

叶	叶色	浓绿	顶叶色	绿
	叶大小	中	叶形	心脏形
	叶脉色	紫	脉基色	紫
茎	茎粗细	粗	茎长短	短
	茎色	绿	顶端茸毛	多
	基部分枝	中	株型	匍匐
薯块	薯形	纺锤形	薯块大小	中
	皮色	暗红	肉色	白
	薯皮粗滑	较光滑、无条沟		

主要特性

萌芽性	好	茎叶生长势	中
单株结薯数	较多	结薯习性	较早集中
自然开花性	开花	季节型	春夏薯
耐旱性	弱	耐湿性	中
耐肥性	强	切干率	（春薯烘干）30% ~ 33%
熟食味	上	鲜薯产量	中
抗病虫性	一般		

栽培及其他 该品种适合于水肥条件较好的地区栽植，一般亩产1 500 ~ 2 000 kg。由于其切干率高、品质好，自然开花，广泛作杂交育种亲本利用。育成的品种有北京蜜瓜、农大红等。

河北 351

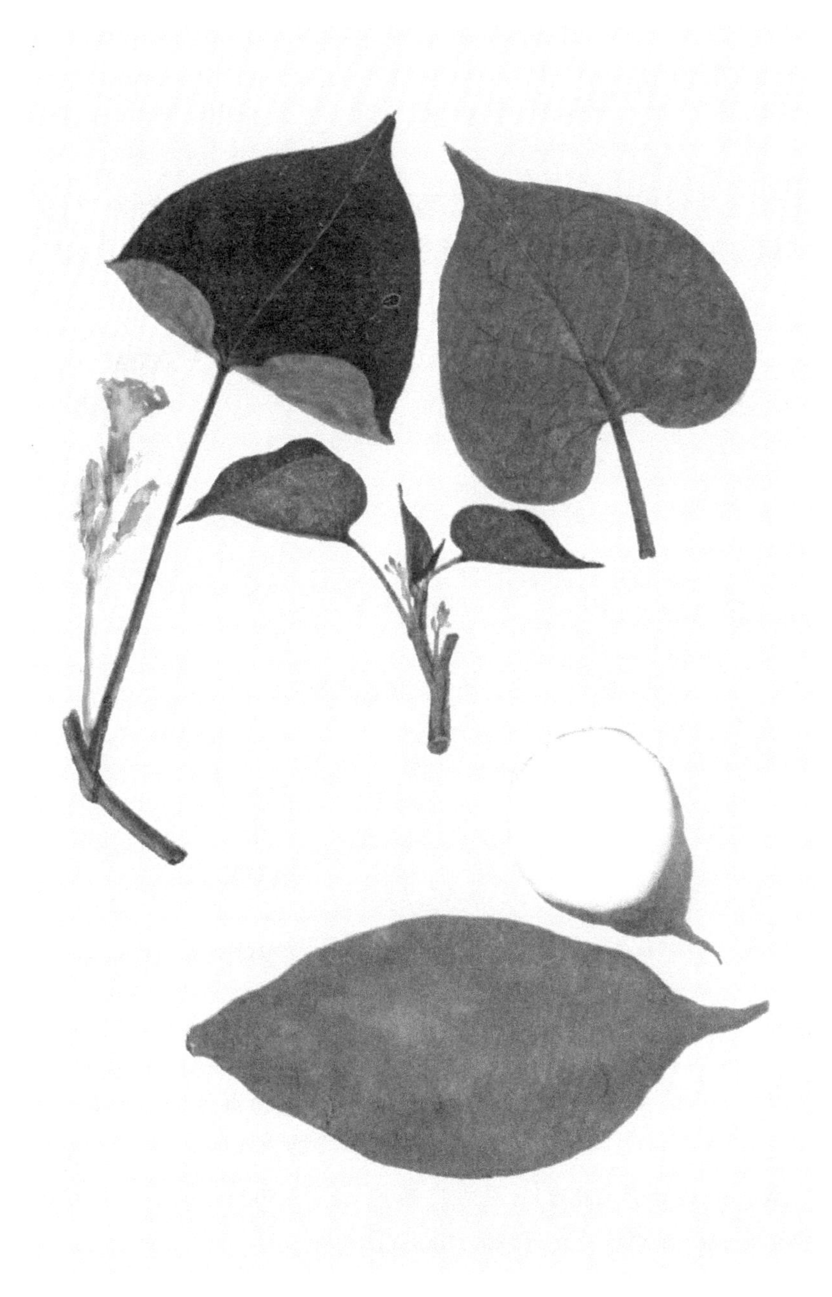

定陶 69-1

品种来源 山东省定陶县（现菏泽市定陶区）农民姜学印，1968 年用山东省农业科学院杂交种子进行选择而成。1972 年定名推广。

主要特征

叶	叶色	浓绿	顶叶色	黄绿
	叶大小	较小	叶形	圆心脏形
	叶脉色	微紫	脉基色	紫
茎	茎粗细	细	茎长短	长
	茎色	绿	顶端茸毛	少
	基部分枝	少	株型	匍匐
薯块	薯形	下膨纺锤形	薯块大小	大
	皮色	紫红	肉色	白
	薯皮粗滑	不太光滑、无条沟		

主要特性

萌芽性	好	茎叶生长势	较强
单株结薯数	较少	结薯习性	集中
自然开花性	不开花	季节型	春夏薯
耐旱性	强	耐湿性	中
耐肥性	强	切干率	（夏薯晒干）33% 左右
熟食味	中上	鲜薯产量	高
抗病虫性	较抗根腐病		

栽培及其他 据山东省定陶县 5 年试验示范，鲜薯产量、夏薯比胜利百号增产 15% ~ 20%，春薯比胜利百号增产 30% 以上。产量高而稳，一般亩产 2 000 kg 左右，高产可达 3 500 kg 以上。曾在山东、河南大面积推广，面积在 100 万亩以上。

定陶 69-1

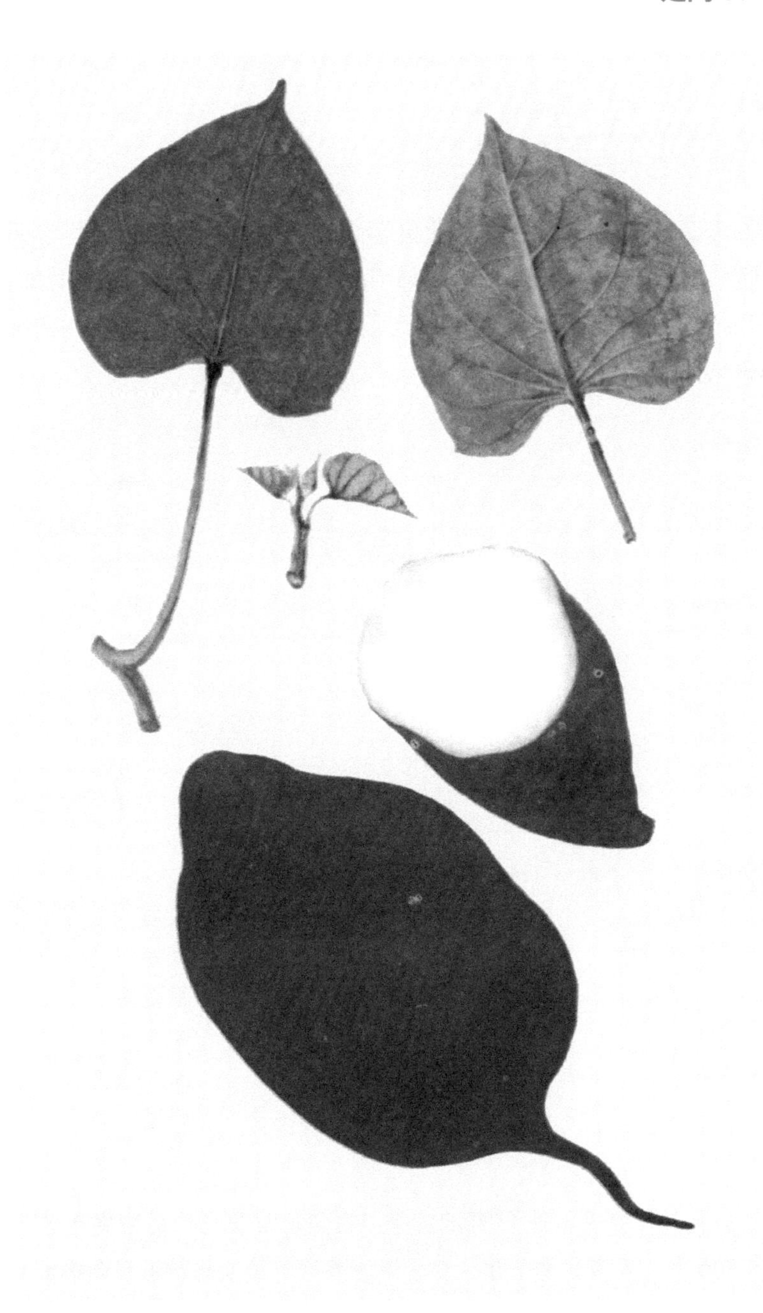

鲁薯 5 号

品种来源 山东省烟台市农业科学研究所（现烟台市农业科学研究院）1976 年以“蓬尾 × 烟薯 6 号”进行有性杂交选育而成。1989 年经山东省农作物品种审定委员会审定通过，并命名为鲁薯 5 号。系号 77-102。

主要特征

叶	叶色	绿	顶叶色	绿
	叶大小	中	叶形	浅裂复缺刻
	叶脉色	淡紫	脉基色	淡紫
茎	茎粗细	中	茎长短	短
	茎色	绿带紫	顶端茸毛	少
	基部分枝	中	株型	半直立
薯块	薯形	纺锤形	薯块大小	大
	皮色	浅红	肉色	白黄
	薯皮粗滑	光滑		

主要特性

萌芽性	较好	茎叶生长势	较强
单株结薯数	中	结薯习性	集中
自然开花性	不开花	季节型	春夏薯
耐旱性	强	耐湿性	中
耐肥性	中	切干率	35% 左右
熟食味	中上	幼苗生长势	较强
抗病虫性	抗黑斑病等	鲜薯产量	高

栽培及其他 育苗时进行高温催芽，增加出苗量。扦插密度春薯每亩 4 500 株，夏薯每亩 5 000 株。适宜黄河流域及山坡丘陵地种植。

鲁薯5号

鲁薯 6 号

品种来源 山东省烟台市农业科学研究所（现烟台市农业科学研究院）以“烟 76-827× 烟薯 8 号”进行有性杂交选育而成。1992 年山东省农作物品种审定委员会审定通过，并命名为鲁薯 6 号。

主要特征

叶	叶色	绿	顶叶色	绿
	叶大小	中	叶形	心脏形
	叶脉色	紫	脉基色	紫
茎	茎粗细	粗	茎长短	中
	茎色	绿带紫	顶端茸毛	无
	基部分枝	特多	株型	匍匐
薯块	薯形	纺锤形	薯块大小	大
	皮色	橘红	肉色	白黄
	薯皮粗滑	光滑		

主要特性

萌芽性	中	茎叶生长势	强
单株结薯数	中	结薯习性	集中
自然开花性	不开花	季节型	春夏薯
耐旱性	特强	耐湿性	中
耐肥性	中	切干率	32% 左右
熟食味	中	幼苗生长势	强
抗病虫性	抗黑斑病等	鲜薯产量	高

栽培及其他 基肥以有机肥料为主，配合施用磷酸氢二铵及钾肥，沙壤土四犁起垄。栽培密度为春薯每亩 4 500 株，夏薯每亩 5 000 株以上，育苗时掐头去尾，高温催芽增加出苗数。适合黄淮海地区丘陵山区栽植。

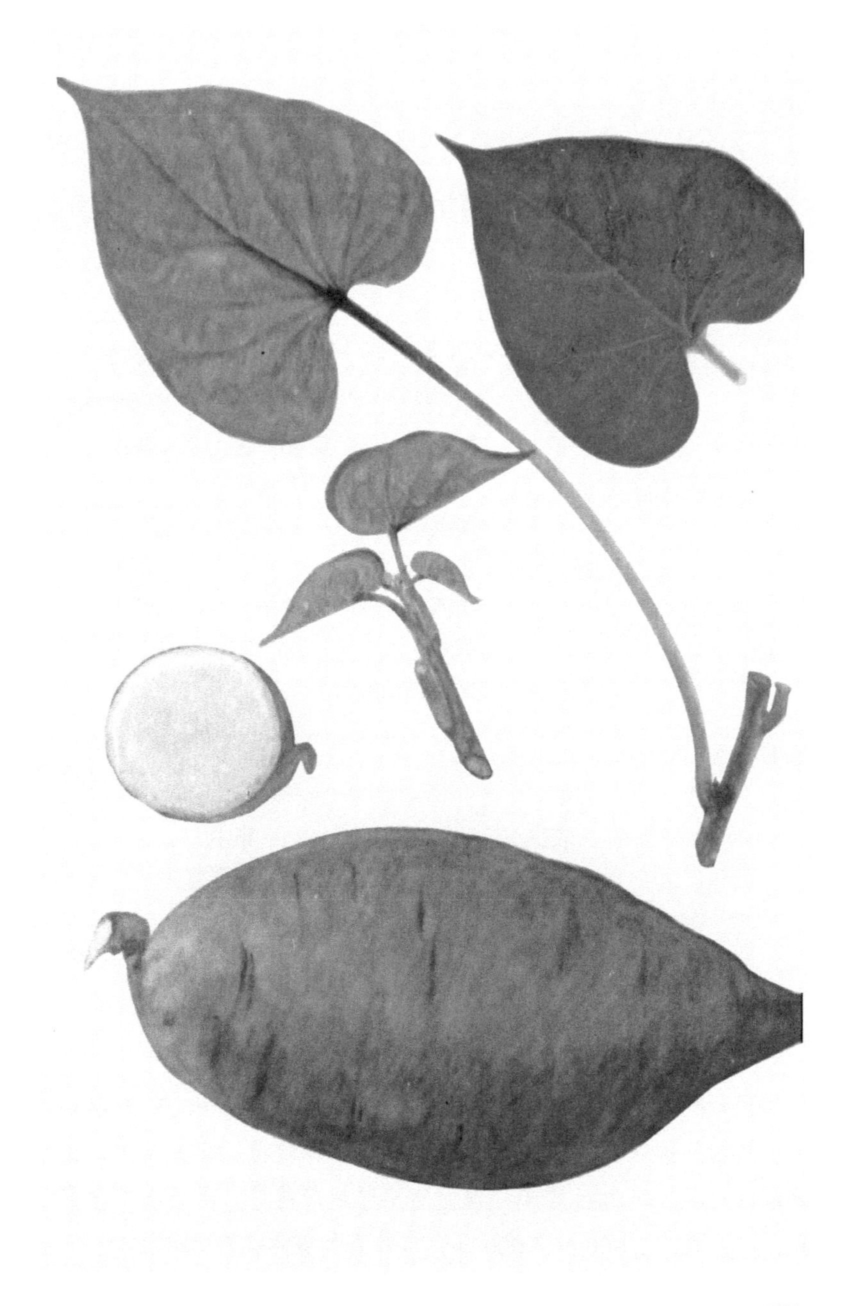

武功红

品种来源 西北农学院（现西北农林科技大学）以“蓬尾 × 南芋”杂交选育而成。

主要特征

叶	叶色	绿	顶叶色	绿
	叶大小	中	叶形	浅复缺刻
	叶脉色	微紫	脉基色	紫褐
茎	茎粗细	中	茎长短	中
	茎色	淡褐	顶端茸毛	无
	基部分枝	多	株型	匍匐
薯块	薯形	纺锤或球形	薯块大小	大
	皮色	紫红	肉色	白
	薯皮粗滑	光滑、无条沟		

主要特性

萌芽性	中	茎叶生长势	强
单株结薯数	较少	结薯习性	集中
自然开花性	不开花	季节型	春夏薯
耐旱性	强	耐湿性	中
耐肥性	弱	切干率	（春薯烘干）26%
熟食味	中	鲜薯产量	高
抗病虫性	抗黑斑病和病毒病		

栽培及其他 该品种是陕西省甘薯主要推广种之一，在关中旱塬地、陕南丘陵区及陕北川地，曾有较大面积栽植。在育苗中，由于薯苗分枝早，可进行苗床打顶促侧芽增加产苗量。由于生物学产量高，一般亩产 2 000 ~ 3 000 kg，可作食饲兼用品种利用。

向阳红

品种来源 西北农学院（现西北农林科技大学）从“护国放任授粉”后代中选育而成。原系号 64-88-3。

主要特征

叶	叶色	绿	顶叶色	绿
	叶大小	小	叶形	心脏形
	叶脉色	绿	脉基色	淡紫
茎	茎粗细	细	茎长短	较短
	茎色	绿	顶端茸毛	无
	基部分枝	特多	株型	匍匐
薯块	薯形	短纺锤或球形	薯块大小	大
	皮色	紫红	肉色	淡黄
	薯皮粗滑	光滑、无条沟		

主要特性

萌芽性	好	茎叶生长势	中
单株结薯数	较少	结薯习性	早而集中
自然开花性	开花	季节型	春夏薯
耐旱性	强	耐湿性	中
耐肥性	强	烘干率	25%
熟食味	中	耐贮性	好
抗病虫性	高抗黑斑病	鲜薯产量	高

栽培及其他 该品种高产抗病，在陕西省南部和关中曾大面积栽植，并被引入河南、山西、湖北、湖南等省，推广面积超 50 万亩。注意培育壮苗、合理密植和加强水肥管理。育种中也作亲本利用。

向阳红

向阳黄

品种来源 西北农学院（现西北农林科技大学）以“黎佬 × 护国”杂交选育而成。

主要特征

叶	叶色	浓绿	顶叶色	紫褐色
	叶大小	小	叶形	心脏形，也有浅缺刻
	叶脉色	淡绿	脉基色	微紫
茎	茎粗细	中	茎长短	中
	茎色	绿	顶端茸毛	无
	基部分枝	多	株型	半直立
薯块	薯形	纺锤形	薯块大小	较大
	皮色	黄	肉色	淡黄
	薯皮粗滑	光滑、无条沟		

主要特性

萌芽性	好	茎叶生长势	中
单株结薯数	较少	结薯习性	较集中
自然开花性	开花	季节型	春薯
耐旱性	中	耐湿性	强
耐肥性	强	切干率	（春薯烘干）32.4%
熟食味	上	鲜薯产量	中
抗病虫性	高抗黑斑病		

栽培及其他 该品种属于高淀粉型，亩产 1 500 ~ 2 000 kg，适作春薯切干。在陕西省南北部有栽植，面积曾达 50 万亩左右。因有自然开花性、品质又好、植株半直立，在新品种选育中有作杂交亲本利用。

高自 1 号

品种来源 西北农业大学（现西北农林科技大学）1969 年以 69-28 作母本，从进行放任授粉的后代中选育而成。原系号 69-283。

主要特征

叶	叶色	浓绿	顶叶色	绿
	叶大小	中	叶形	心脏形
	叶脉色	微紫	脉基色	紫
茎	茎粗细	较粗	茎长短	中
	茎色	绿	顶端茸毛	无
	基部分枝	中	株型	匍匐
薯块	薯形	长纺锤形	薯块大小	大
	皮色	红	肉色	淡黄
	薯皮粗滑	较粗糙，或有浅条沟		

主要特性

萌芽性	好	茎叶生长势	强
单株结薯数	少	结薯习性	集中
自然开花性	开花	季节型	春夏薯
耐旱性	中	耐湿性	中
耐肥性	强	烘干率	27.8%
熟食味	中	淀粉率	18.3%
鲜薯产量	中	可溶性糖	2.08%
耐贮性	好	粗蛋白	1.36%
抗病虫性	抗黑斑病		

栽培及其他 该品种在甘薯生产中栽植利用不多。因其在自然长日照条件下开花多而且结实率高，在育种中利用作杂交亲本和中间砧诱导其他品种开花。

高自1号

陕薯 1 号

品种来源 陕西省农业科学院粮食作物研究所 1964 年以“禺北白 x 护国”杂交选育而成。系号 64-5-3。

主要特征

叶	叶色	绿	顶叶色	紫褐
	叶大小	中	叶形	深裂复缺刻
	叶脉色	紫	脉基色	紫
茎	茎粗细	中	茎长短	中
	茎色	绿	顶端茸毛	极少
	基部分枝	多	株型	匍匐
薯块	薯形	长纺锤形	薯块大小	大
	皮色	淡红	肉色	白
	薯皮粗滑	较粗糙、无条沟		

主要特性

萌芽性	好	茎叶生长势	强
单株结薯数	中	结薯习性	集中
自然开花性	不开花	季节型	春夏薯
耐旱性	强	耐湿性	较弱
耐肥性	中	切干率	（春薯烘干）22% ~ 26%
熟食味	中	鲜薯产量	高
抗病虫性	一般		

栽培及其他 该品种的特点耐旱耐瘠，适合旱塬丘陵、山坡薄地栽植，结薯较早、膨大快、适作夏薯，亩产 2 000 kg 左右。栽培中注意施足底肥，深翻起垄，适当提高密度。春薯每亩 3 500 株，夏薯每亩 4 000 株。

陕薯 1 号

秦薯 3 号

品种来源 陕西省农业科学院粮食作物研究所 1972 年以“永春五齿 × 农林 4 号”进行有性杂交选育而成。陕西省农作物品种审定委员会 1988 年审定通过，并命名为秦薯 3 号。系号 72-3-14。

主要特征

叶	叶色	绿	顶叶色	绿
	叶大小	中	叶形	缺刻较深
	叶脉色	绿	脉基色	淡紫
茎	茎粗细	中	茎长短	长
	茎色	绿	顶端茸毛	无
	基部分枝	中	株型	匍匐
薯块	薯形	长纺锤形	薯块大小	中
	皮色	紫红	肉色	淡黄
	薯皮粗滑	光滑		

主要特性

萌芽性	好	茎叶生长势	强
单株结薯数	中	结薯习性	集中
自然开花性	不开花	季节型	春夏薯
耐旱性	强	耐湿性	中
耐肥性	中上	切干率	31% 左右
熟食味	上	幼苗生长势	强
抗病虫性	抗黑斑病	鲜薯产量	较高

栽培及其他 适宜中等以上肥力的丘陵旱薄地，施足底肥并要氮、磷、钾配合施用。垄栽密度应偏稀，春薯每亩 2 000 ~ 2 500 株。平地、坡地、丘陵、浅山区均可应用。

秦薯 3 号

郑红九

品种来源 河南省农业科学院以胜利百号为母本放任授粉选育而成。

主要特征

叶	叶色	绿	顶叶色	淡绿
	叶大小	中	叶形	心脏形或带齿
	叶脉色	绿	脉基色	绿
茎	茎粗细	中	茎长短	中
	茎色	绿	顶端茸毛	多
	基部分枝	中	株型	匍匐
薯块	薯形	圆筒	薯块大小	中
	皮色	淡黄	肉色	淡黄
	薯皮粗滑	较光滑、无条沟		

主要特性

萌芽性	好	茎叶生长势	较强
单株结薯数	中	结薯习性	较迟
自然开花性	不开花	季节型	春薯
耐旱性	中	耐湿性	中
耐肥性	中	切干率	（春薯晒干）40% 左右
熟食味	上	鲜薯产量	中
抗病虫性	较抗根腐病、感茎线虫病		

栽培及其他 该品种的突出特点是切干率高，是一个高淀粉品种。在河南省许昌、洛阳、开封等地曾有一定栽植面积，亩产1 000 ~ 1 500 kg。是一个良好的加工淀粉用品种。

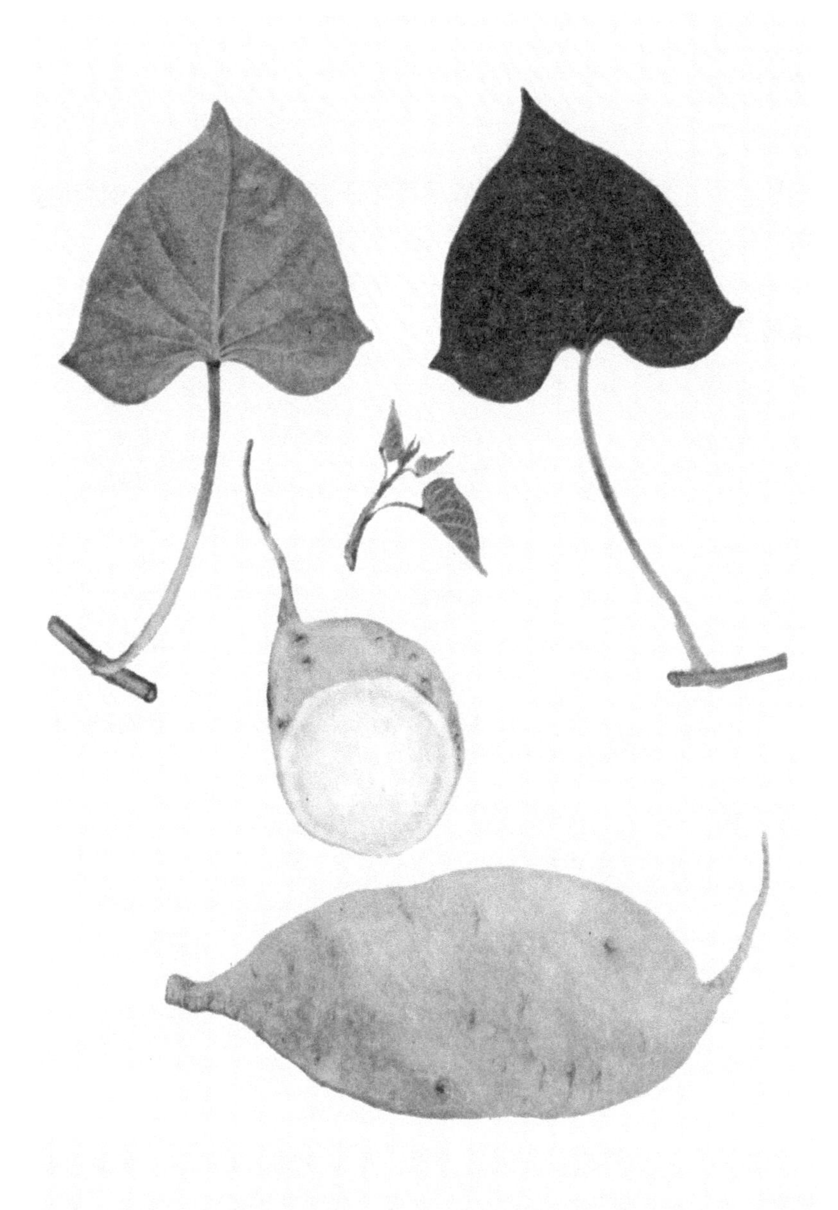

豫薯 1 号

品种来源 河南省商丘地区农林科学研究所（现商丘市农林科学院）以“北京蜜瓜 × 栗子香”进行有性杂交，选育而成。1985 年经河南省农作物品种审定委员会审定通过，并命名为豫薯 1 号。系号 7821-6。

主要特征

叶	叶色	绿	顶叶色	黄绿
	叶大小	较大	叶形	浅缺刻
	叶脉色	紫	脉基色	紫
茎	茎粗细	中	茎长短	中
	茎色	绿带紫	顶端茸毛	无
	基部分枝	多	株型	匍匐
薯块	薯形	下膨纺锤形	薯块大小	大
	皮色	红	肉色	淡黄带红晕
	薯皮粗滑	不太光滑		

主要特性

萌芽性	好	茎叶生长势	强
单株结薯数	中	结薯习性	较早而集中
自然开花性	不开花	季节型	春夏薯
耐旱性	中	耐湿性	较强
耐肥性	强	切干率	32% 左右
熟食味	中上	幼苗生长势	中上
抗病虫性	高抗根腐病等	鲜薯产量	高

栽培及其他 栽培中适宜大苗密植，每亩 3 500 株左右。重施有机肥料，氮、磷肥在底作基肥。春夏薯，平原水肥地及丘陵旱薄地皆适宜。注意防治地下害虫及田鼠。

豫薯1号

豫薯 2 号

品种来源 河南省农业科学院 1971 年从“24-4 × 郑州红”杂交后代中选育而成。1986 年经河南省农作物品种审定委员会审定通过，并命名为豫薯 2 号。系号 1228-1。

主要特征

叶	叶色	绿	顶叶色	绿
	叶大小	中	叶形	心脏形
	叶脉色	淡绿微紫	脉基色	褐
茎	茎粗细	中	茎长短	短
	茎色	绿	顶端茸毛	多
	基部分枝	多	株型	匍匐
薯块	薯形	纺锤形	薯块大小	中
	皮色	深紫红	肉色	淡黄
	薯皮粗滑	光滑		

主要特性

萌芽性	好	茎叶生长势	强
单株结薯数	中	结薯习性	较早而集中
自然开花性	不开花	季节型	夏薯
耐旱性	中	耐湿性	中
耐肥性	强	切干率	30% 左右
熟食味	中上	幼苗生长势	强
抗病虫性	高抗根腐病	鲜薯产量	高

栽培及其他 适宜平原水肥栽植，还可用于救灾晚插及间作套种。要求施足底肥，中后期看苗及时追肥防止早衰。扦插密度每亩 4 000 ~ 4 500 株，并要适时收获，安全贮藏。

豫薯2号

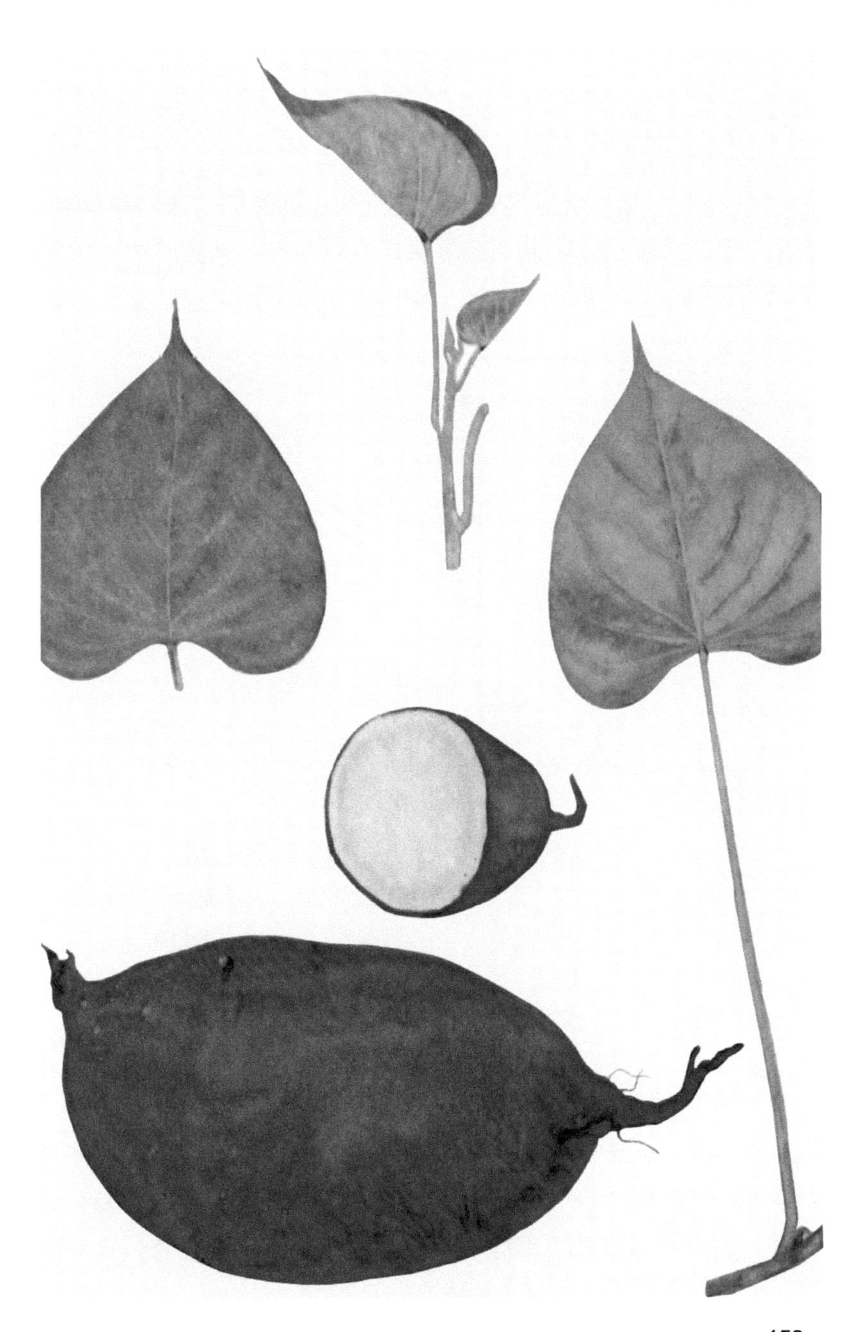

豫薯 3 号

品种来源 河南省漯河农业科学研究所（现漯河市农业科学院）1980 年以“徐 941× 新大紫”进行有性杂交，选育而成。1989 年经河南省农作物品种审定委员会审定通过，并命名为豫薯 3 号。系号 25-71。

主要特征

叶	叶色	绿	顶叶色	绿
	叶大小	大	叶形	心脏形
	叶脉色	淡紫	脉基色	紫
茎	茎粗细	粗	茎长短	中
	茎色	绿	顶端茸毛	中
	基部分枝	中	株型	匍匐
薯块	薯形	长纺锤形	薯块大小	中
	皮色	红	肉色	白黄
	薯皮粗滑	较光滑		

主要特性

萌芽性	好	茎叶生长势	强
单株结薯数	多	结薯习性	集中
自然开花性	不开花	季节型	春夏薯
耐旱性	较强	耐湿性	较强
耐肥性	强	切干率	32% 左右
熟食味	中上	幼苗生长势	强
抗病虫性	高抗茎线虫病等	鲜薯产量	高

栽培及其他 麦垄套种及夏薯每亩栽插 2 500 ~ 3 500 株，春薯每亩 2 000 ~ 3 000 株。耕地扶垄时每亩施有机农家肥料 3 ~ 5 m^3 作基肥，返苗后亩追尿素 5 kg，采用单行小埂或双行宽埂，栽后灌水。适合各种肥力水平的春夏薯区。

豫薯3号

豫薯 4 号

品种来源 河南省洛阳地区农科所（现洛阳市农业科学研究院）以“济南红 × 宁薯 1 号”进行有性杂交选育而成。1990 年经河南省农作物品种审定委员会审定通过，并命名为豫薯 4 号。系号洛 80-71。

主要特征

叶	叶色	绿	顶叶色	绿
	叶大小	较小	叶形	心脏形
	叶脉色	紫	脉基色	紫
茎	茎粗细	中	茎长短	中
	茎色	绿带紫	顶端茸毛	无
	基部分枝	较多	株型	半直立
薯块	薯形	短纺锤形	薯块大小	大
	皮色	黄褐色	肉色	橘黄
	薯皮粗滑	中		

主要特性

萌芽性	好	茎叶生长势	强
单株结薯数	中	结薯习性	集中整齐
自然开花性	不开花	季节型	春夏薯
耐旱性	特强	耐湿性	强
耐肥性	强	切干率	32% 左右
熟食味	中上	幼苗生长势	强
抗病虫性	高抗黑斑病	鲜薯产量	高

栽培及其他 育苗时排薯略稀些，薯块垂直于床面，以利苗多苗壮。扦插密度每亩 3 000 ~ 3 500 株，扦插时间以 5 月 19 日至 6 月 20 日为宜。贮藏时用抗菌剂处理薯块。适合丘陵山区及平原，有无灌水设施均可栽植。是食用和加工兼用品种。曾在洛阳、开封、郑州、安阳、驻马店等地无茎线虫病地块栽种 10 万亩以上。

豫薯 4 号

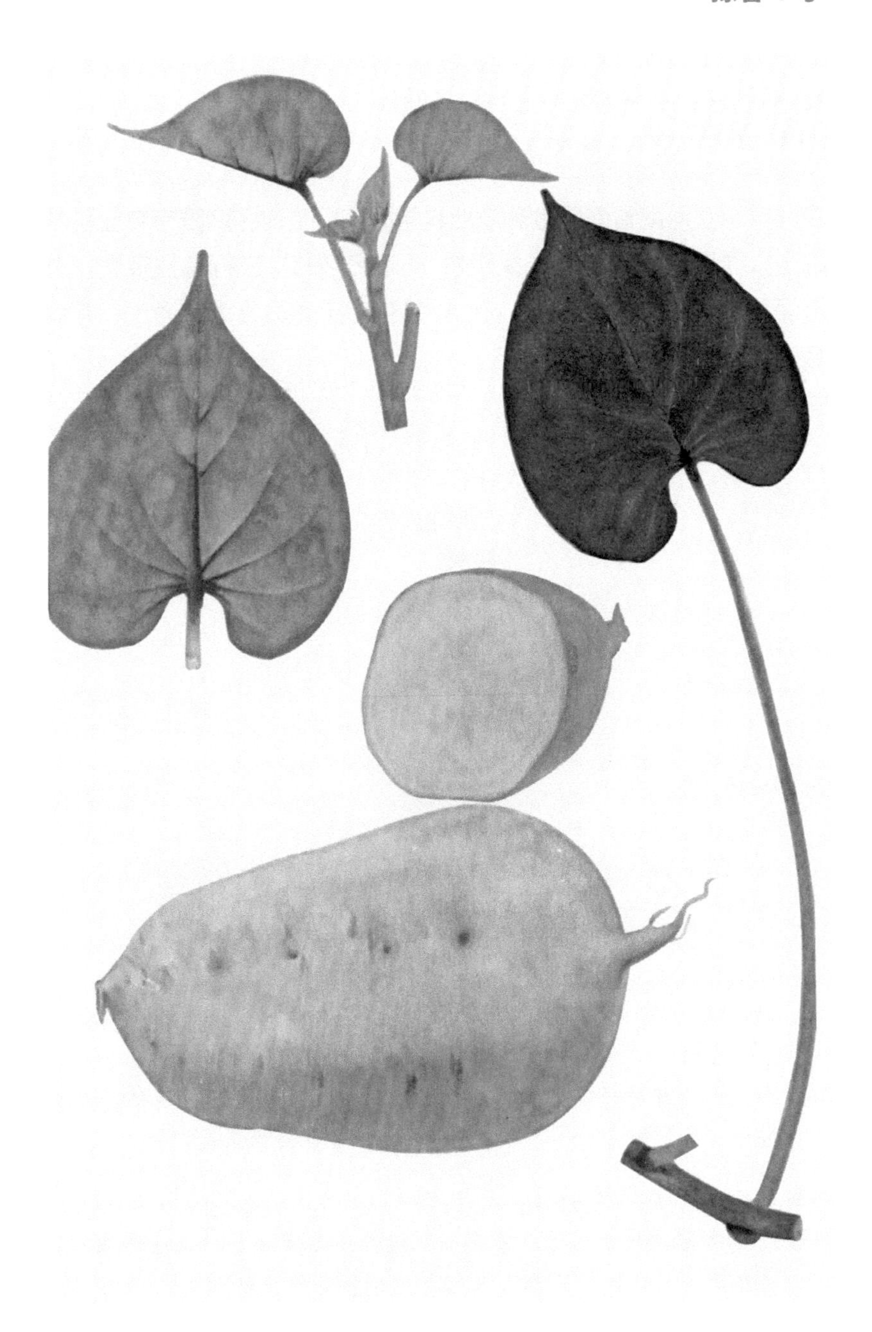

豫薯 5 号

品种来源 河南省南阳地区农业科学研究所（现名南阳市农业科学院）以“近缘野生种三浅裂牵牛 × 南阳 203”进行有性杂交，选育而成。1990 年经河南省农作物品种审定委员会审定通过，并命名为豫薯 5 号。系号 342-5。

主要特征

叶	叶色	绿	顶叶色	淡绿边缘带褐
	叶大小	中	叶形	尖心脏形
	叶脉色	淡绿带淡紫	脉基色	紫
茎	茎粗细	较粗	茎长短	中
	茎色	绿	顶端茸毛	少
	基部分枝	中	株型	半直立
薯块	薯形	短纺锤形	薯块大小	较大
	皮色	红	肉色	橘红
	薯皮粗滑	光滑		

主要特性

萌芽性	中	茎叶生长势	强
单株结薯数	中	结薯习性	集中整齐
自然开花性	不开花	季节型	春夏薯
耐旱性	强	耐湿性	中
耐肥性	较强	切干率	30% 左右
熟食味	中上	幼苗生长势	强
抗病虫性	高抗根腐病	鲜薯产量	高

栽培及其他 育苗时高温催芽，以提高出苗量。重施基肥，有机肥配合磷钾肥施用。春薯每亩 3 500 株以上，夏薯每亩 4 000 株以上，瘠薄及留苗地每亩 4 500 株以上。栽培中防止田间积水，贮藏期防止低温冻害，有伤薯块禁止入窖。可在除低洼易涝盐碱地以外的土地栽植，适应性较广，在南阳、许昌、周口、郑州等地市曾推广 12 万亩以上。

豫薯 6 号

品种来源 河南省农业科学院以“郑红 2 号 × 禹北白”进行有性杂交选育而成。1991 年经河南省农作物品种审定委员会审定通过，并命名为豫薯 6 号。

主要特征

叶	叶色	绿	顶叶色	绿
	叶大小	中	叶形	心脏形
	叶脉色	紫	脉基色	紫
茎	茎粗细	较粗	茎长短	较短
	茎色	绿	顶端茸毛	多
	基部分枝	较少	株型	半直立
薯块	薯形	纺锤形	薯块大小	大
	皮色	红	肉色	淡黄
	薯皮粗滑	光滑		

主要特性

萌芽性	较好	茎叶生长势	强
单株结薯数	中	结薯习性	集中
自然开花性	不开花	季节型	春夏薯
耐旱性	较强	耐湿性	较强
耐肥性	强	切干率	32% 左右
熟食味	中上	幼苗生长势	中
抗病虫性	较抗根腐病等	鲜薯产量	高

栽培及其他 育苗时薯宜密些，高温催芽，增加出苗数量。扦插春薯每亩 3 500 ~ 4 000 株，夏薯每亩 4 000 ~ 4 500 株，适宜和花生、玉米、棉花间作套种及栽夏薯。适合在华北夏薯区栽植。

豫薯 6 号

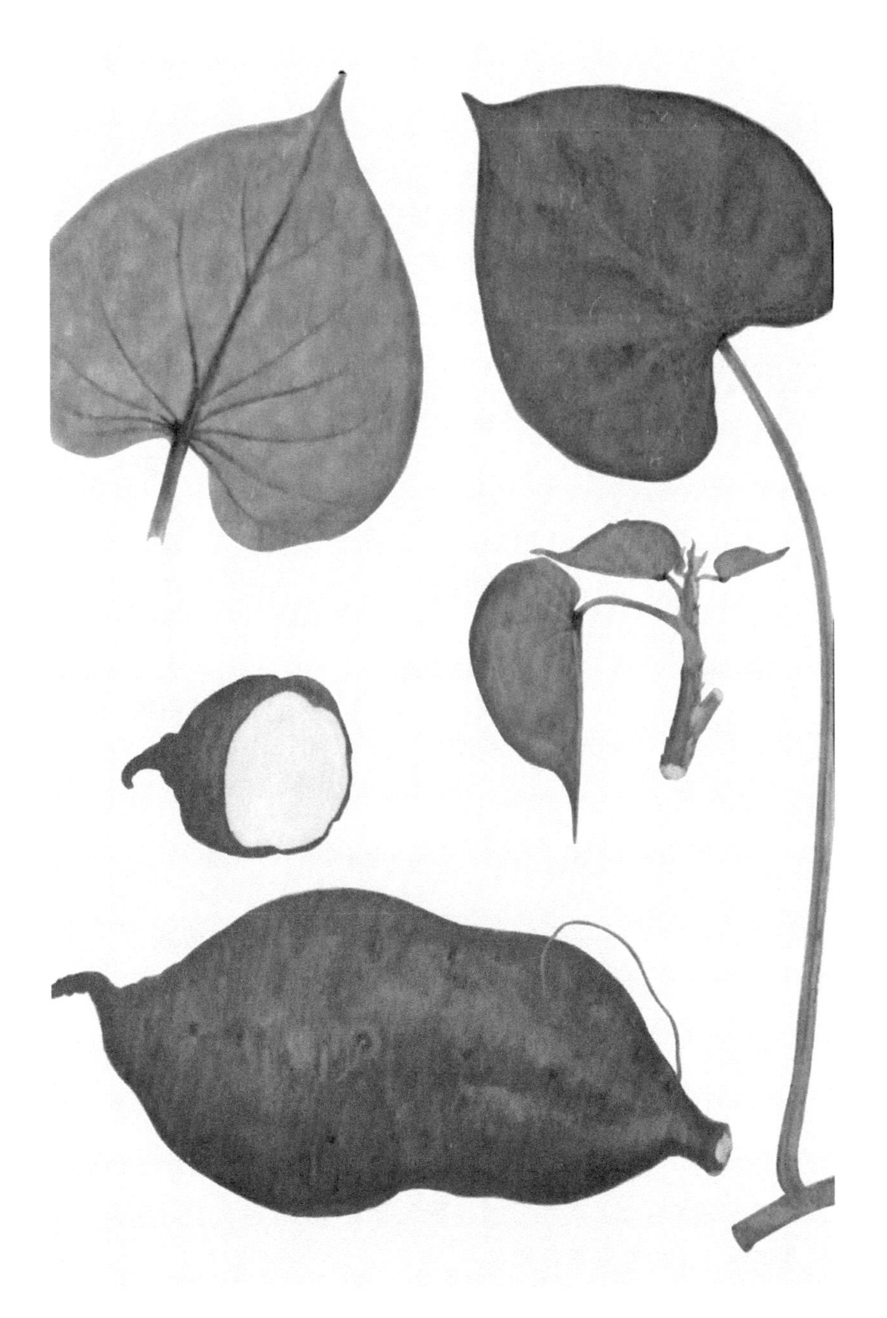

豫薯 7 号

品种来源 河南省泌阳县农科所利用河南省农业科学院提供的“南丰 × 徐 78-28”的有性杂交种子，选育而成。1991 年经河南省农作物品种审定委员会审定通过，并命名为豫薯 7 号。

主要特征

叶	叶色	绿	顶叶色	紫
	叶大小	大	叶形	心脏形
	叶脉色	紫	脉基色	紫
茎	茎粗细	粗	茎长短	中
	茎色	绿带紫	顶端茸毛	多
	基部分枝	中	株型	半直立
薯块	薯形	下膨纺锤形	薯块大小	大
	皮色	紫红	肉色	白黄
	薯皮粗滑	光滑		

主要特性

萌芽性	好	茎叶生长势	强
单株结薯数	中	结薯习性	集中
自然开花性	不开花	季节型	春夏薯
耐旱性	强	耐湿性	强
耐肥性	强	切干率	37% 左右
熟食味	上	幼苗生长势	强
抗病虫性	较抗黑斑病等	鲜薯产量	高

栽培及其他 适合肥沃土壤，肥力低时要求施足底肥，配合施用氮、磷、钾复合肥。起垄扦插，密度每亩 4 000 株左右，在以加工红薯淀粉为主的春夏薯区栽植。

豫薯7号

豫薯 10 号

品种来源 河南省商丘地区农林科学研究所（现商丘市农林科学院）以“红旗 4 号 × 商丘 19-5”杂交选育而成。1996 年 4 月经河南省农物品种审定委员会审定通过并命名“豫薯 10 号”。原系号 SQ52-7。

主要特征

叶	叶色	绿	顶叶色	绿
	叶大小	小	叶形	近长三角形
	叶脉色	绿	脉基色	绿
茎	茎粗细	细	茎长短	短
	茎色	绿	顶端茸毛	无
	基部分枝	多	株型	匍匐
薯块	薯形	下膨纺锤形	薯块大小	大
	皮色	红	肉色	浅红
	薯皮粗滑	光滑		

主要特性

萌芽性	中上	茎叶生长势	中
单株结薯数	中	结薯习性	特早而集中
自然开花性	开花	季节型	春夏秋薯
耐旱性	中上	耐湿性	中
耐肥性	特强	烘干率	16.5%
熟食味	中上	淀粉率	3.14%
鲜薯产量	特高	可溶性糖	5.28%
耐贮性	好	粗蛋白	1.22%
抗病虫性	高抗茎线虫病、根腐病，中抗黑斑病		

栽培及其他 该品种突出特点：特高产、特早熟、特抗病。省区试验 3 年平均比徐薯 18 增产 115.3%，田间验收均比徐薯 18 增产 1 倍以上。高肥力春薯最高亩产达 15 200 kg。

栽培要施足基肥，且氮、磷、钾配比合理。密度每亩 3 500 株以上，苗期注意防治地下虫害。

豫薯 10 号

徐州 941

品种来源 江苏省徐淮地区徐州农业科学研究所以蓬尾作母本、栗子香作父本，进行有性杂交选育而成。

主要特征

叶	叶色	绿	顶叶色	绿
	叶大小	中	叶形	心形带齿
	叶脉色	绿带紫	脉基色	紫
茎	茎粗细	中	茎长短	中
	茎色	绿	顶端茸毛	多
	基部分枝	中	株型	匍匐
薯块	薯形	长纺锤形	薯块大小	大
	皮色	紫红	肉色	白
	薯皮粗滑	较光滑、无条沟		

主要特性

萌芽性	好	茎叶生长势	强
单株结薯数	中	结薯习性	集中
自然开花性	不开花	季节型	春夏薯
耐旱性	强	耐湿性	中
耐肥性	强	烘干率	21.3%
熟食味	中	耐贮性	中
鲜薯产量	高		
抗病虫性	感根腐病和黑斑病，抗茎线虫病		

栽培及其他 适合山坡丘陵瘠薄地土肥栽培。

徐州 941

群力 2 号

品种来源 江苏省徐淮地区徐州农业科学研究所 1963 年从“懒汉芋 × 南瑞苕”杂交后代中选出。经赣榆县（现连云港市赣榆区）和丰县共同试验鉴定和推广。原系号 63-13-88。

主要特征

叶	叶色	浓绿	顶叶色	绿
	叶大小	中	叶形	心脏形
	叶脉色	紫	脉基色	紫
茎	茎粗细	中	茎长短	中
	茎色	绿带紫	顶端茸毛	多
	基部分枝	中	株型	匍匐
薯块	薯形	下膨纺锤形	薯块大小	大
	皮色	橘黄	肉色	淡黄
	薯皮粗滑	中等、无条沟		

主要特性

萌芽性	好	茎叶生长势	强
单株结薯数	中	结薯习性	早而集中
自然开花性	不开花	季节型	夏薯
耐旱性	强	耐湿性	中
耐肥性	强	烘干率	30.4%
熟食味	上	淀粉率	20.59%
鲜薯产量	高	可溶性糖	2.24%
耐贮性	好	粗蛋白	1.38%
抗病虫性	高抗茎线虫病，抗黑斑病，重感根腐病		

栽培及其他 主要在江苏省徐州地区推广面积较大。肥水条件好的稻茬春栽更高产。作育种亲本，已育成苏薯 3 号。

群力 2 号

新大紫

品种来源 系江苏省徐淮地区徐州农业科学研究所1965年从“夹沟大紫 × 华北52-45”杂交后代中选育而成。原系号65-18-1。

主要特征

叶	叶色	浓绿	顶叶色	绿
	叶大小	中	叶形	心脏形较圆
	叶脉色	微紫	脉基色	紫
茎	茎粗细	较细	茎长短	长
	茎色	绿带微紫	顶端茸毛	少
	基部分枝	较少	株型	匍匐
薯块	薯形	下膨纺锤形	薯块大小	大
	皮色	紫红	肉色	淡黄
	薯皮粗滑	较光滑、无条沟		

主要特性

萌芽性	好	茎叶生长势	较强
单株结薯数	少	结薯习性	集中
自然开花性	不开花	季节型	春薯
耐旱性	较强	耐湿性	中
耐肥性	强	切干率	（春薯晒干）35%左右
熟食味	中上	鲜薯产量	较高
抗病虫性	较抗黑斑病、根腐病、茎线虫病及南方的薯瘟和疮痂病		

栽培及其他 据江苏省徐州农业科学研究所试验，较胜利百号鲜薯增产10%，薯干增产16%，在河南武陟和宁夏试种均表现高产优质，一般亩产1 500 kg左右，高产可达3 000 kg以上。适宜于水肥条件好的土地栽植。

新大紫

丰收白

品种来源 江苏省徐淮地区徐州农业科学研究所1971年以“蓬尾 × 栗子香”杂交后代中选育而成。系号71-218。

主要特征

叶	叶色	绿	顶叶色	绿
	叶大小	大	叶形	心脏形带齿或浅缺刻
	叶脉色	绿	脉基色	紫
茎	茎粗细	粗	茎长短	长
	茎色	绿	顶端茸毛	中
	基部分枝	中	株型	匍匐
薯块	薯形	长圆筒形	薯块大小	大
	皮色	白	肉色	白
	薯皮粗滑	光滑、无条沟		

主要特性

萌芽性	好	茎叶生长势	强
单株结薯数	少	结薯习性	集中
自然开花性	不开花	季节型	春夏薯
耐旱性	强	耐湿性	强
耐肥性	强	切干率	（春薯晒干）25%左右
熟食味	中	鲜薯产量	高
抗病虫性	不抗根腐病，感黑斑病		

栽培及其他 该品种的突出特点是生物学产量高，亩产2 000～3 000 kg，高产可达4 500 kg以上。据河南省商丘地区农业科学研究所试验调查，每亩茎叶鲜重达8 000 kg以上，而且茎叶、鲜薯脆而多汁，是发展畜牧业的良好饲料。又据郑州市农业科学研究所在丘陵旱地试种食味和干率有很大提高，适合于山岭旱地作春薯栽培。栽培中应注意早追肥，后期不追肥，以防徒长。

丰收白

徐薯 18

品种来源 江苏省徐淮地区徐州农业科学研究所 1972 年从“(新大紫 × 华北 52-45) × 华北 52-45”的回交后代中选育而成。系号 73-2518。

主要特征

叶	叶色	绿	顶叶色	绿
	叶大小	较大	叶形	浅裂单缺刻或心形带齿
	叶脉色	紫	脉基色	紫
茎	茎粗细	中	茎长短	长
	茎色	绿带紫	顶端茸毛	多
	基部分枝	中	株型	匍匐
薯块	薯形	长纺锤形	薯块大小	大
	皮色	紫红	肉色	白至淡黄
	薯皮粗滑	中、无条沟		

主要特性

萌芽性	好	茎叶生长势	强
单株结薯数	中	结薯习性	早而集中
自然开花性	不开花	季节型	春夏薯
耐旱性	中	耐湿性	强
耐肥性	强	切干率	(夏薯晒干) 29% ~ 32%
熟食味	中至中上	鲜薯产量	高
抗病虫性	高抗根腐病		

栽培及其他 该品种的突出特点是高抗根腐病，综合性状较好，抗逆性强，适应性广，适宜山岭、平原作春薯或夏薯栽植。产量高而稳定，一般亩产 2 000 kg 左右，高产可达 4 000 kg。栽植密度以春薯 3 500 株 / 亩、夏薯 4 000 株 / 亩、秋薯 5 000 株 / 亩为宜。1982 年荣获国家发明一等奖。

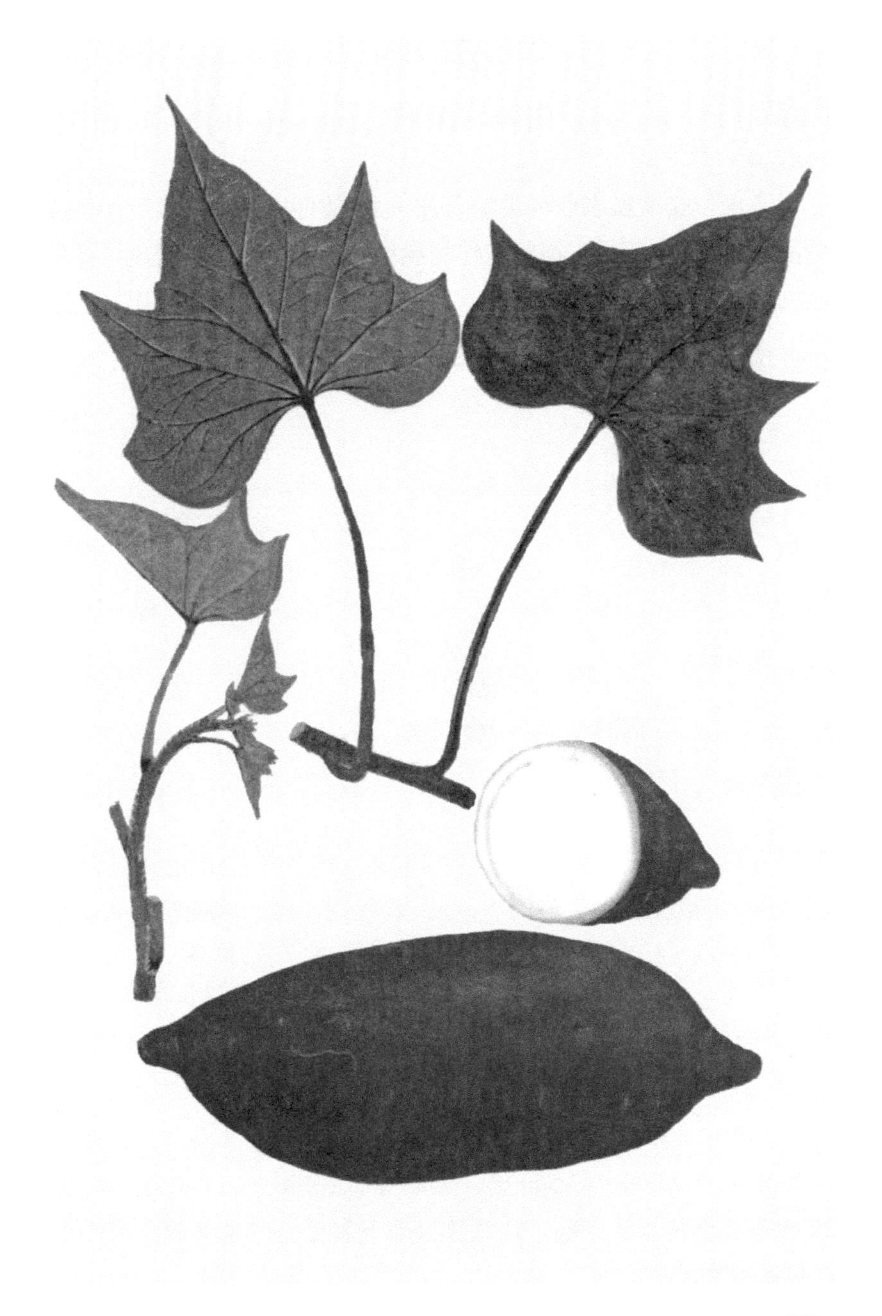

皖薯 2 号

品种来源 安徽省农业科学院以 32-10 放任授粉，从其后代中选育而成。1989 年经安徽省农作物品种审定委员会审定通过，并命名为皖薯 2 号。

主要特征

叶	叶色	深绿	顶叶色	绿
	叶大小	中	叶形	心脏形
	叶脉色	紫	脉基色	紫
茎	茎粗细	中	茎长短	长
	茎色	绿带紫	顶端茸毛	无
	基部分枝	多	株型	匍匐
薯块	薯形	短纺锤形	薯块大小	较大
	皮色	紫红	肉色	白
	薯皮粗滑	光滑		

主要特性

萌芽性	好	茎叶生长势	强
单株结薯数	中	结薯习性	早而集中
自然开花性	不开花	季节型	春夏薯
耐旱性	较强	耐湿性	较强
耐肥性	中	切干率	31% 左右
熟食味	中上	幼苗生长势	强
抗病虫性	抗黑斑病	鲜薯产量	高

栽培及其他 育苗时苗床排薯稀些，控制苗量，提高苗质。扦插密度春薯每亩 3 000 ~ 3 500 株，夏薯每亩 3 500 ~ 4 000 株。栽后 25 天每亩追施尿素 5 kg。注意防治地下害虫，防旱排涝。适合在非根腐病薯区栽植。

皖薯 2 号

皖薯 4 号

品种来源 安徽省界首市农科所以阜薯 2 号作母本、农林 11 号作父本，进行有性杂交选育而成。1992 年安徽省农作物审定委员会审定通过并命名为皖薯 4 号，1993 年通过国家审定。

主要特征

叶	叶色	绿	顶叶色	绿
	叶大小	大	叶形	心脏形带齿
	叶脉色	紫	脉基色	紫
茎	茎粗细	粗	茎长短	较长
	茎色	绿带紫	顶端茸毛	中
	基部分枝	少	株型	匍匐
薯块	薯形	纺锤形	薯块大小	大
	皮色	红	肉色	白色略带紫晕
	薯皮粗滑	光滑		

主要特性

萌芽性	中上	茎叶生长势	强
单株结薯数	中	结薯习性	较早集中整齐
自然开花性	不开花	季节型	春夏薯
耐旱性	较强	耐湿性	较强
耐肥性	强	切干率	33% 左右
熟食味	中上	幼苗生长势	较强
抗病虫性	高抗根腐病	鲜薯产量	高

栽培及其他 要求土层肥厚，施足底肥，增施化肥。扶埂要大，不小于 75cm。密度，春薯每亩 3 000 ~ 3 500 株，夏薯 3 500 ~ 4 000 株，适时早栽。适宜于北方春薯区，黄淮及长江流域夏薯无茎线虫病区栽植。

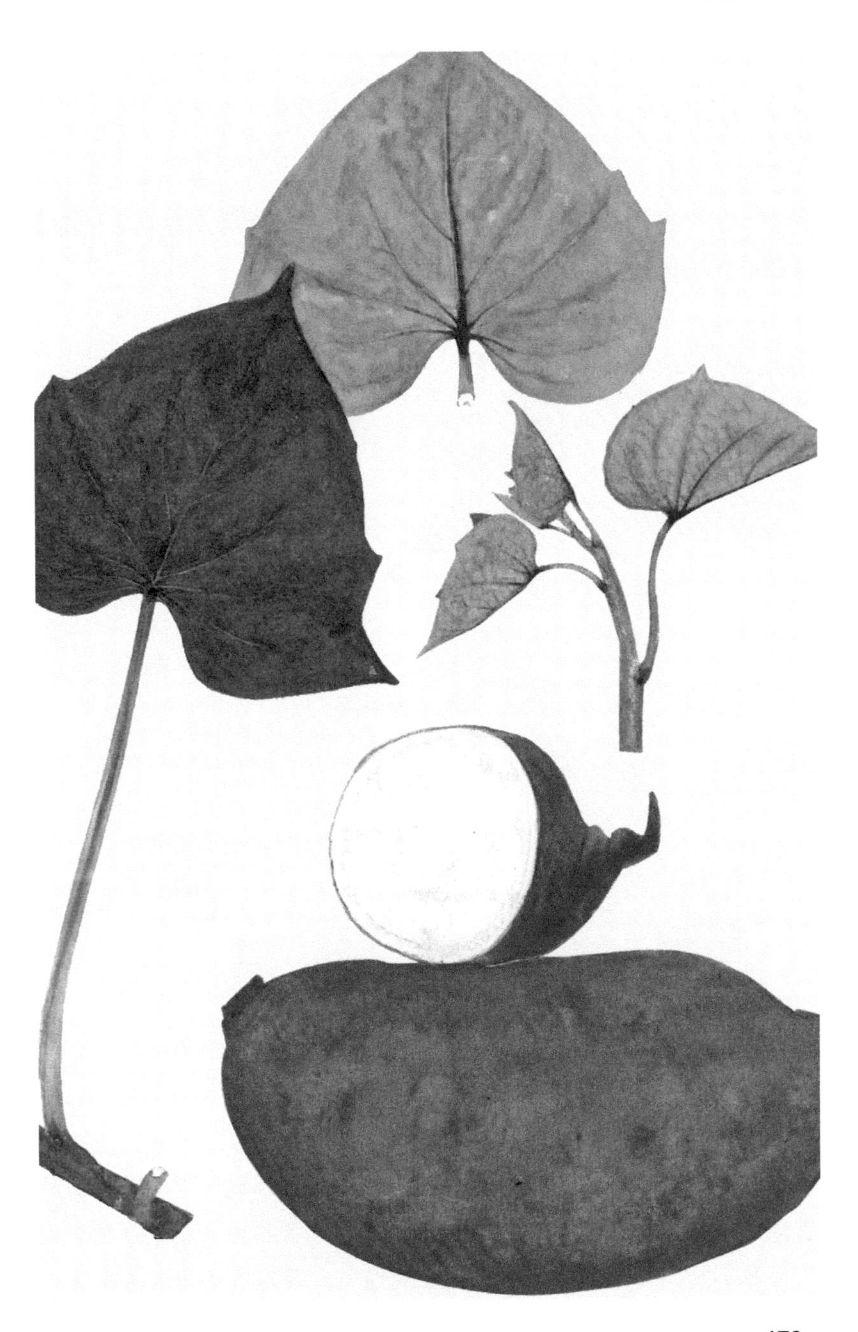

红旗 4 号

品种来源 四川省农业科学院作物研究所 1951 年从台农 27 放任授粉后代中选育而成。原系号 51-7-140。

主要特征

叶	叶色	绿	顶叶色	绿
	叶大小	中	叶形	心脏形
	叶脉色	绿	脉基色	绿
茎	茎粗细	中	茎长短	中
	茎色	绿微褐	顶端茸毛	无
	基部分枝	中	株型	匍匐
薯块	薯形	纺锤形	薯块大小	大
	皮色	黄红	肉色	橘红
	薯皮粗滑	光滑、无条沟		

主要特性

萌芽性	好	茎叶生长势	强
单株结薯数	多	结薯习性	早而集中
自然开花性	不开花	季节型	夏薯
耐旱性	较强	耐湿性	中
耐肥性	强	烘干率	23.9%
熟食味	中上	淀粉率	15.16%
鲜薯产量	高	可溶性糖	2.74%
耐贮性	中	粗蛋白	1.16%
抗病虫性	感黑斑病		

栽培及其他 该品种是我国育成较早的改良种，比美国同类型品种南瑞苕鲜薯增产 34%。曾在成都、重庆市郊区和内江、达县推广很大面积。食饲兼用和烘烤上市很受欢迎。贮藏期注意防治黑斑病。

红旗 4 号

红皮早

品种来源 四川省农业科学院 1956 年以“华北 117 × 巫山湖南苕”杂交后代选育而成。系号 56-70-1。

主要特征

叶	叶色	绿	顶叶色	绿、边缘带淡紫
	叶大小	小	叶形	浅复缺刻，少数心脏形
	叶脉色	淡绿至微紫	脉基色	紫
茎	茎粗细	中	茎长短	长
	茎色	绿	顶端茸毛	中
	基部分枝	多	株型	匍匐
薯块	薯形	长纺锤形	薯块大小	较大
	皮色	紫红	肉色	淡黄
	薯皮粗滑	中、无条沟		

主要特性

萌芽性	中	茎叶生长势	中
单株结薯数	较多	结薯习性	早而集中
自然开花性	不开花	季节型	春夏薯
耐旱性	较强	耐湿性	较强
耐肥性	强	切干率	（春薯烘干）30% 左右
熟食味	中	鲜薯产量	较高
抗病虫性	感黑斑病		

栽培及其他 该品种结薯早而产量高，亩产 1 500 ~ 2 000 kg。曾在四川省内江、西昌等地推广，面积 48 万亩以上，在云南省昭通地区的巧家县也有较大面积种植。贮藏以高温大屋窖为宜，育苗中用抗菌剂浸种和高剪苗预防黑斑病。

红皮早

胜　南

品种来源　四川省农业科学院以“南瑞苕 × 胜利百号”进行有性杂交选育而成。1985 年经四川省农作物品种审定委员会审定通过，定名胜南。

主要特征

叶	叶色	绿	顶叶色	淡绿
	叶大小	中	叶形	尖心脏形
	叶脉色	绿带紫	脉基色	紫褐
茎	茎粗细	粗	茎长短	短
	茎色	紫褐顶端绿	顶端茸毛	少
	基部分枝	较多	株型	半直立
薯块	薯形	纺锤形	薯块大小	较大
	皮色	淡红褐	肉色	浅黄
	薯皮粗滑	光滑		

主要特性

萌芽性	好	茎叶生长势	较强
单株结薯数	中	结薯习性	集中
自然开花性	不开花	季节型	夏薯
耐旱性	较弱	耐湿性	强
耐肥性	强	切干率	35% 左右
熟食味	上	幼苗生长势	较强
抗病虫性	抗根结线虫病等	鲜薯产量	较高

栽培及其他　适宜密植，每亩 4 000 ~ 5 000 株。施足底肥，后期要追肥。收获后入窖前进行多菌灵处理，贮藏前防止冻害。适合在肥水条件好的丘陵区低台地栽植。这是一个适合食用及切干、打粉加工的综合性状好的品种。

南薯 88

品种来源 四川省南充地区农科所 1981 年以“晋专 7 号 × 美国红”进行有性杂交选育而成。1988 年经四川省农作物品种审定委员会审定通过，认名南薯 88。1990 年通过了国家品种审定。系号 81-88。

主要特征

叶	叶色	绿	顶叶色	绿
	叶大小	大	叶形	心脏形
	叶脉色	紫	脉基色	紫
茎	茎粗细	较粗	茎长短	较长
	茎色	绿带紫	顶端茸毛	无
	基部分枝	少	株型	匍匐
薯块	薯形	下膨纺锤形	薯块大小	大
	皮色	淡红	肉色	淡黄带红
	薯皮粗滑	光滑		

主要特性

萌芽性	中	茎叶生长势	强
单株结薯数	较多	结薯习性	集中
自然开花性	不开花	季节型	春夏秋薯
耐旱性	中上	耐湿性	中上
耐肥性	中上	切干率	29% 左右
熟食味	中上	幼苗生长势	强
抗病虫性	抗根腐病	鲜薯产量	高

栽培及其他 培育壮苗，夏薯早栽，适当密植，一般每亩 3 500 株。重施底肥，以优质农家肥料为主，配合磷、钾肥施用。加强田间管理，适时收获，入窖时药剂浸种。适宜西南各省及长江流域等薯区应用。

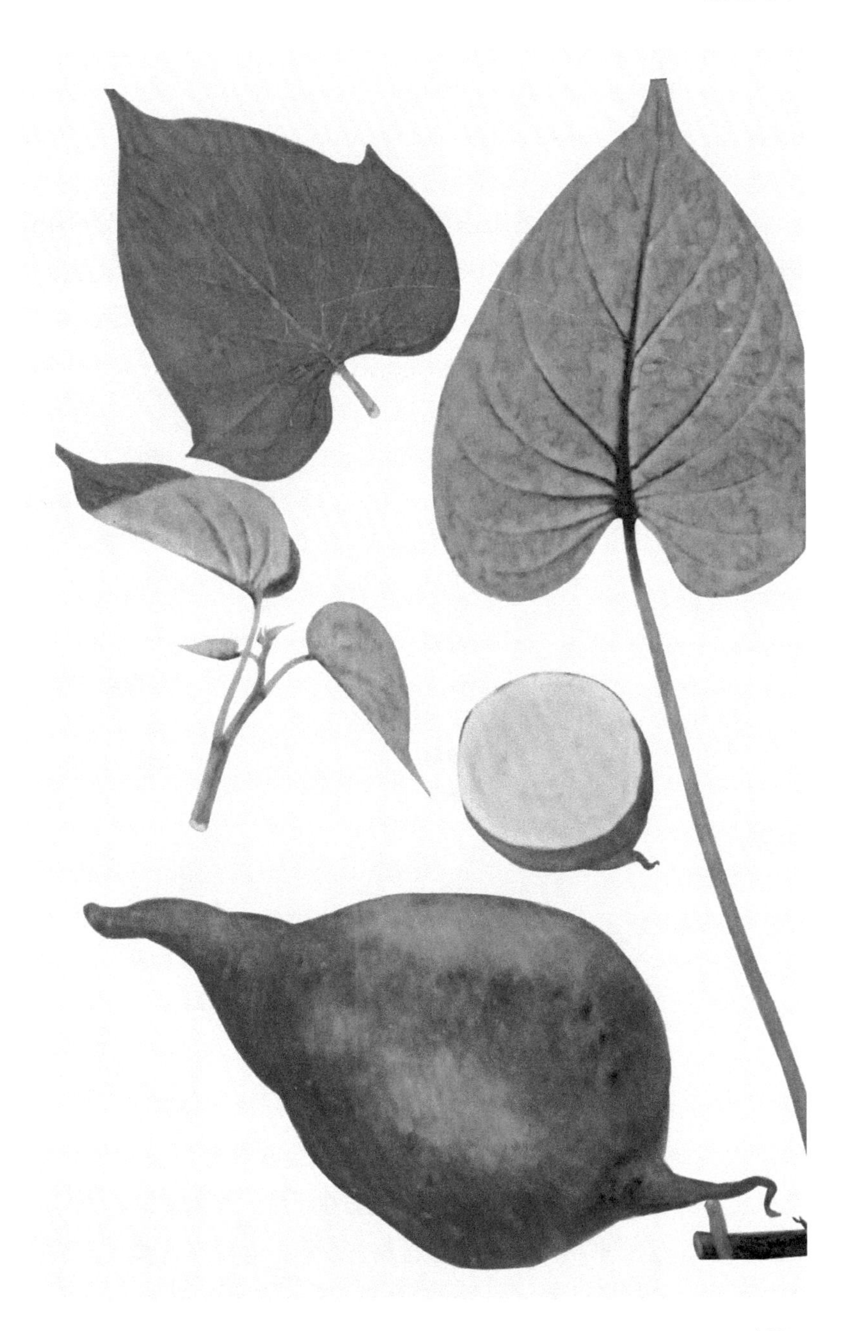

绵粉 1 号

品种来源 四川省绵阳市农科所 1982 年以“79-14×79-96”进行有性杂交选育而成。1988 年经四川省农作物品种审定委员会审定通过，定名绵粉 1 号。1990 年通过了国家品种审定。系号 82-1564。

主要特征

叶	叶色	浓绿	顶叶色	紫褐
	叶大小	中	叶形	心脏形带齿至浅缺刻
	叶脉色	紫	脉基色	紫
茎	茎粗细	粗	茎长短	中
	茎色	紫绿	顶端茸毛	少
	基部分枝	较少	株型	半直立
薯块	薯形	下膨纺锤形	薯块大小	中
	皮色	橙黄	肉色	白黄
	薯皮粗滑	光滑		

主要特性

萌芽性	好	茎叶生长势	强
单株结薯数	中	结薯习性	集中
自然开花性	开花	季节型	春夏薯
耐旱性	强	耐湿性	弱
耐肥性	强	切干率	40% 左右
熟食味	上	幼苗生长势	强
抗病虫性	抗黑斑病等	鲜薯产量	较高

栽培及其他 春夏薯皆宜，密植和施肥是该品种增产鲜薯的关键。肥沃土壤每亩 4 500 株，中肥土壤每亩 5 000 株，薄地每亩 6 000 株。施足底肥，生长中期追施磷、钾、氮复合肥，有益薯块膨大。适合加工红薯淀粉地区应用。是高淀粉甘薯品种选育的极好亲本资源。

鄂薯 1 号

品种来源 湖北省农业科学院以“8-1233× 徐薯 18”有性杂交选育而成。1990 年经湖北省农作物品种审定委员会审定通过，并命名为鄂薯 1 号。

主要特征

叶	叶色	绿	顶叶色	黄绿
	叶大小	中	叶形	心脏形带齿
	叶脉色	淡紫	脉基色	紫
茎	茎粗细	粗	茎长短	较短
	茎色	紫	顶端茸毛	中
	基部分枝	少	株型	匍匐
薯块	薯形	下膨纺锤形	薯块大小	较大
	皮色	红	肉色	橘黄
	薯皮粗滑	光滑		

主要特性

萌芽性	好	茎叶生长势	强
单株结薯数	中	结薯习性	集中
自然开花性	不开花	季节型	夏薯
耐旱性	强	耐湿性	较强
耐肥性	强	切干率	30% 左右
熟食味	中上	幼苗生长势	强
抗病虫性	高抗根腐病	鲜薯产量	高

栽培及其他 适宜扦插期 5 月中旬至 6 月中旬，起垄栽插每亩 4 000 ~ 4 500 株。施肥比例：氮：磷：钾 =1 ： 1.1 ： 4.4，基肥和追肥比例为 7 ： 3。适合湖北省及四川省内江、安康地区栽植。

鄂薯1号

南京 92

品种来源 是江苏省农业科学院以“夹沟大紫 × 华北 52-45”进行有性杂交，从其后代选育而成。

主要特征

叶	叶色	浓绿	顶叶色	绿
	叶大小	中	叶形	心脏形较圆
	叶脉色	微紫	脉基色	紫
茎	茎粗细	较细	茎长短	长
	茎色	绿带微紫	顶端茸毛	少
	基部分枝	较少	株型	匍匐
薯块	薯形	下膨纺锤圆筒形	薯块大小	大
	皮色	紫红	肉色	淡黄
	薯皮粗滑	光滑、无条沟		

主要特性

萌芽性	好	茎叶生长势	较强
单株结薯数	少	结薯习性	集中
自然开花性	不开花	季节型	春薯
耐旱性	较强	耐湿性	中
耐肥性	强	烘干率	（春薯）34.1%
熟食味	中上	鲜薯产量	较高
抗病虫性	较抗黑斑病、根腐病、茎线虫病及南方的薯瘟和疮痂病		

栽培及其他 在河南武陟和宁夏试种均表现高产优质，一般亩产 1 500 kg 左右，高产可达 3 000 kg 以上。适宜于水肥条件好的土地栽植。1978 年获江苏省科学大会奖。

南京 92

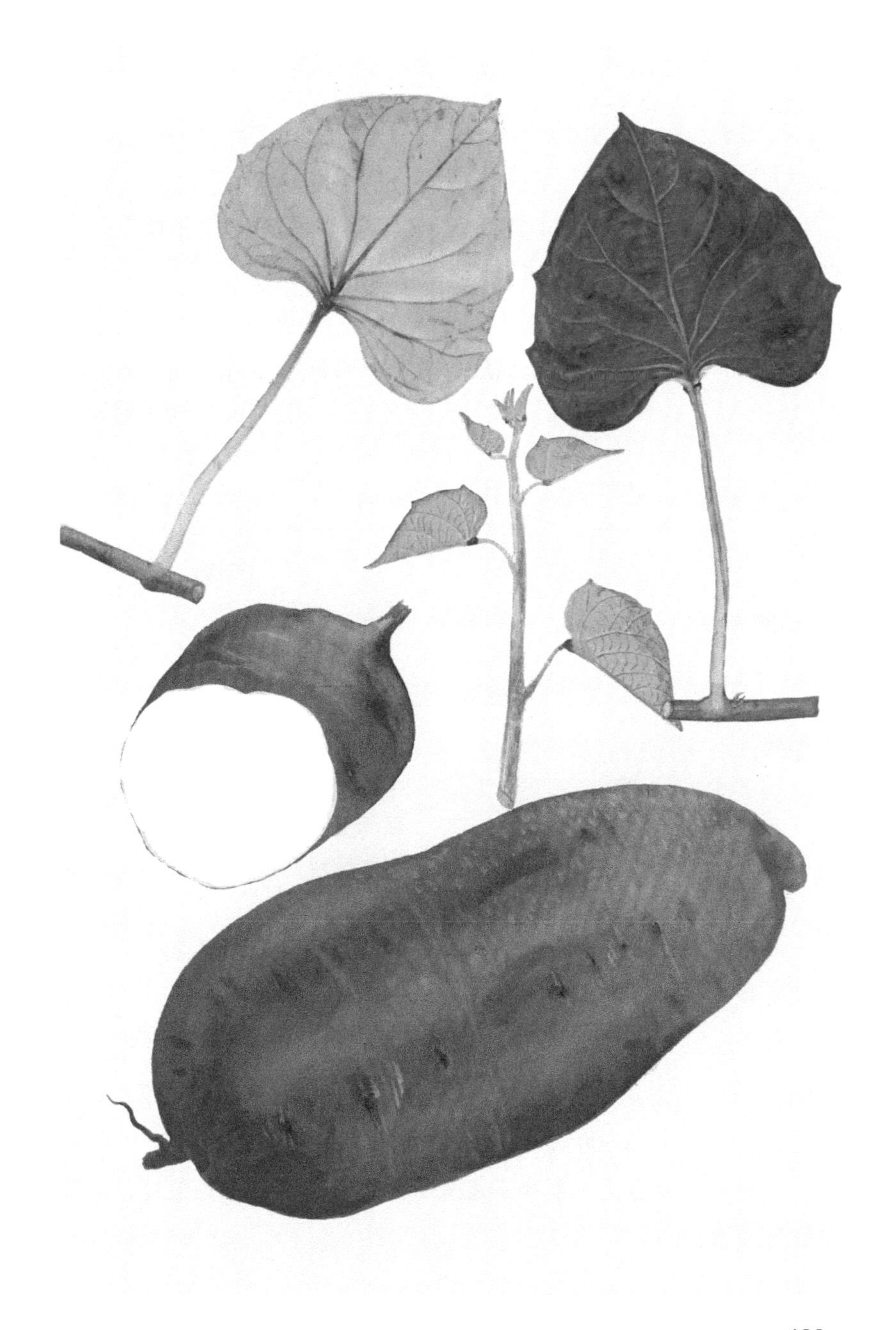

宁薯 1 号

品种来源　江苏省农业科学院 1973 年以“恒进 × 栗子香”杂交选育而成。系号宁 67-234。

主要特征

叶	叶色	绿	顶叶色	绿
	叶大小	中	叶形	心脏形至浅缺刻
	叶脉色	紫	脉基色	紫
茎	茎粗细	中	茎长短	中
	茎色	绿	顶端茸毛	中
	基部分枝	中	株型	匍匐
薯块	薯形	纺锤形	薯块大小	大
	皮色	暗红	肉色	淡黄或带红晕
	薯皮粗滑	光滑、无条沟		

主要特性

萌芽性	差	茎叶生长势	中
单株结薯数	中	结薯习性	早而集中
自然开花性	不开花	季节型	春夏秋薯
耐旱性	较弱	耐湿性	中
耐肥性	强	切干率	（夏薯晒干）30% 左右
熟食味	上	鲜薯产量	高
抗病虫性	中抗根腐病，抗黑斑病和茎线虫病，易感环斑病毒病		

栽培及其他　该品种结薯早、产量高、食味好，一般亩产 2 000 kg 左右，高产可达 3 500 kg 以上。曾在河南省许昌地区推广面积较大。栽培中注意留足种薯和高温育苗。生长中期培土盖裂缝，以防虫、鼠为害。

宁薯1号

宁薯 2 号

品种来源　江苏省农业科学院 1973 年以“宁远三十日早 × 栗子香”杂交选育而成。系号宁 1-44。

主要特征

叶	叶色	浓绿	顶叶色	绿
	叶大小	中	叶形	心形或心形带齿或浅缺刻
	叶脉色	紫	脉基色	紫
茎	茎粗细	粗	茎长短	短
	茎色	绿带紫	顶端茸毛	多
	基部分枝	中	株型	匍匐
薯块	薯形	纺锤形	薯块大小	较大
	皮色	土红	肉色	黄白
	薯皮粗滑	较粗糙、无条沟		

主要特性

萌芽性	差	茎叶生长势	强
单株结薯数	中	结薯习性	早而集中
自然开花性	不开花	季节型	春夏薯
耐旱性	强	耐湿性	中
耐肥性	强	切干率	（夏薯晒干）34% 左右
熟食味	上	鲜薯产量	高
抗病虫性	中抗黑斑病、根腐病、薯瘟、茎线虫病		

栽培及其他　该品种结薯早、产量高，食味特好，一般亩产 1 500 ~ 2 000 kg，高产可达 3 500 kg。曾在江苏、河南、安徽等省引种示范和推广。栽培中注意留足种薯，育苗时密排种薯、高温催芽、早育苗、高剪苗，促发二茬苗。早追肥，防早衰。注意病虫害综合防治。

宁薯2号

丰薯 1 号

品种来源 江苏省丰县农业科学研究所 1967 年从江苏省徐淮地区徐州农业科学研究所“禺北白 × 栗子香”杂交实生苗后代中选育而成。系号 67-2-11。

主要特征

叶	叶色	绿	顶叶色	绿
	叶大小	大	叶形	心形至浅裂单缺刻
	叶脉色	紫	脉基色	紫
茎	茎粗细	粗	茎长短	中
	茎色	绿带紫	顶端茸毛	较少
	基部分枝	中	株型	匍匐
薯块	薯形	长纺锤形	薯块大小	大
	皮色	淡红	肉色	白
	薯皮粗滑	较粗糙、无条沟		

主要特性

萌芽性	中	茎叶生长势	强
单株结薯数	中	结薯习性	较早而集中
自然开花性	不开花	季节型	春夏薯
耐旱性	强	耐湿性	较强
耐肥性	较强	切干率	（夏薯晒干）32.30%
熟食味	中上	鲜薯产量	高
抗病虫性	较抗根腐病，不太抗黑斑病和茎线虫病		

栽培及其他 该品种适应性强，丘陵、山区和其他干旱地区均宜栽植；产量高，鲜薯比胜利百号增产 21% ~ 47%，一般亩产 2 000 kg 左右，高产可达 4 000 kg 以上。曾在江苏、山东、安徽、河南、四川、福建、北京等 10 多个省市试种和示范推广，面积 150 万 ~ 200 万亩。

丰薯 1 号

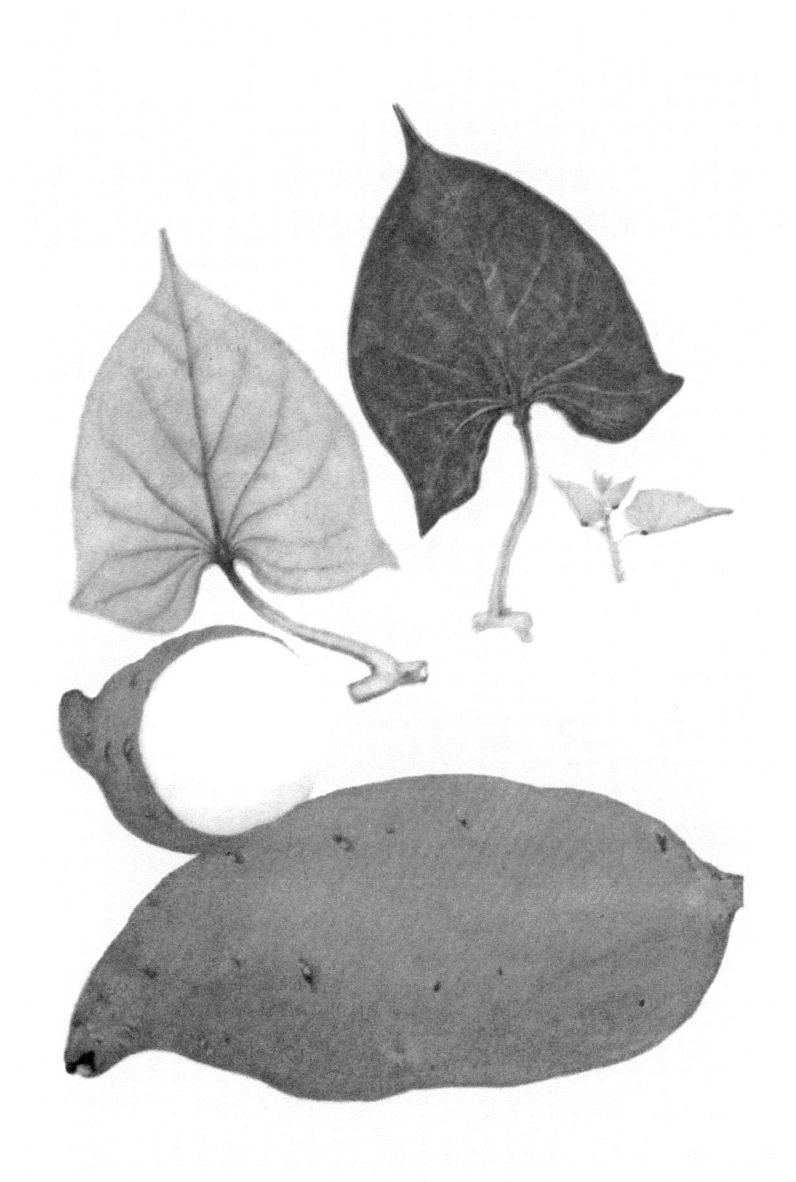

淮阴 85

品种来源 江苏省徐淮地区淮阴农业科学研究所 1973 年从“宁远三十日早 × 栗子香”杂交后代中选育而成。

主要特征

叶	叶色	绿	顶叶色	绿
	叶大小	中	叶形	浅复缺刻
	叶脉色	紫	脉基色	紫
茎	茎粗细	中	茎长短	中
	茎色	绿	顶端茸毛	中
	基部分枝	中	株型	匍匐
薯块	薯形	下膨纺锤形或球形	薯块大小	大
	皮色	紫红	肉色	淡橘黄
	薯皮粗滑	粗糙、无条沟		

主要特性

萌芽性	较好	茎叶生长势	强
单株结薯数	中	结薯习性	早而集中
自然开花性	不开花	季节型	春夏薯
耐旱性	强	耐湿性	较强
耐肥性	强	切干率	（夏薯晒干）31% ~ 36%
熟食味	上	鲜薯产量	高
抗病虫性	抗黑斑病		

栽培及其他 据淮阴地区农业科学研究所试验，春薯鲜、干重分别比胜利百号增产 24.3% ~ 36.1%、42.8% ~ 63.8%；夏薯鲜、干重分别比胜利百号增产 23.4% ~ 25.7%，31% ~ 50%。又据江苏省徐州、扬州、盐城、南京和河南省商丘等地引种试验均比胜利百号明显增产，评价尚好。一般亩产 2 000 kg 左右，高产可达 3 500 kg 左右。栽培中注意，要高垄双行密植，施足底肥、早追肥和安全贮藏。

淮阴 85

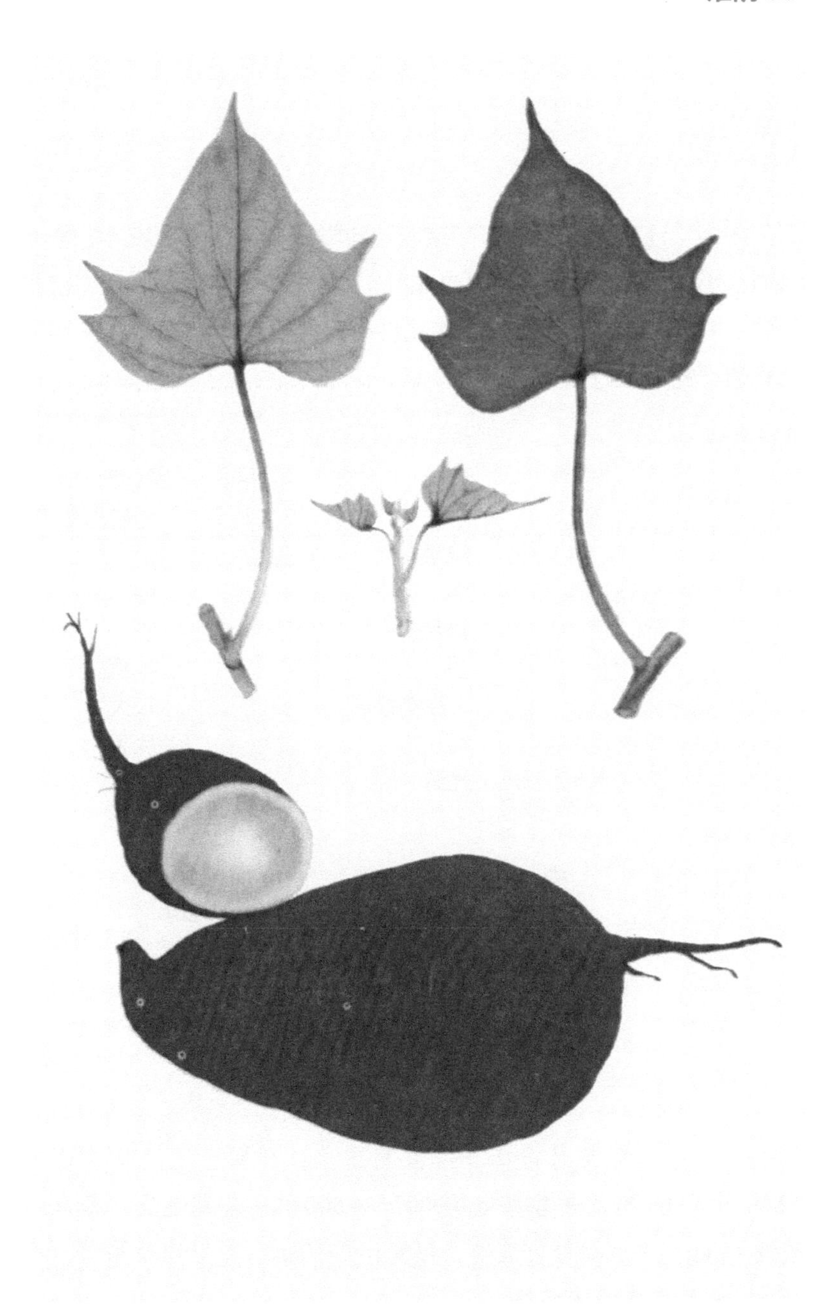

南薯 1 号

品种来源 江苏省丘陵地区南京农业科学研究所从“台农 10 号 ×（华北 166、夹沟大紫、宿县小花叶）”多父本有性杂交后代中选育而成。1986 年经江苏省农作物品种审定委员会审定通过，并定名为南薯 1 号。系号南京 79-5。

主要特征

叶	叶色	绿	顶叶色	淡绿
	叶大小	中	叶形	心脏形带齿
	叶脉色	绿带紫	脉基色	紫
茎	茎粗细	中	茎长短	中
	茎色	绿带紫	顶端茸毛	少
	基部分枝	多	株型	半直立
薯块	薯形	下膨纺锤形	薯块大小	较大
	皮色	红	肉色	淡黄
	薯皮粗滑	光滑		

主要特性

萌芽性	中上	茎叶生长势	中
单株结薯数	较多	结薯习性	集中
自然开花性	不开花	季节型	春夏薯
耐旱性	中	耐湿性	强
耐肥性	中上	切干率	30% 左右
熟食味	上	幼苗生长势	强
抗病虫性	抗黑斑病等	鲜薯产量	高

栽培及其他 育苗时苗床排薯宜稍密些，扦插密度，春薯每亩 3 500 ~ 4 000 株，夏薯每亩 4 000 ~ 4 500 株。前期追肥，每亩硫酸铵 15 kg，中后期每亩追磷、钾复合肥 10 kg。及时中耕除草，不翻秧，适宜江淮流域栽植。

南薯 1 号

苏薯 1 号

品种来源　南京农业科学研究所 1979 年从徐淮地区徐州农业科学研究所提供的“南瑞苕 × 华北 256”杂交种子中选育而成。1988 年江苏省农作物品种审定委员会审定通过，并命名为苏薯 1 号。系号南京 79-42。

主要特征

叶	叶色	绿	顶叶色	绿
	叶大小	中	叶形	心脏形
	叶脉色	紫	脉基色	紫
茎	茎粗细	中	茎长短	中
	茎色	绿带紫	顶端茸毛	极少
	基部分枝	多	株型	半直立
薯块	薯形	下膨短纺锤形	薯块大小	大
	皮色	土黄	肉色	橘黄带淡红
	薯皮粗滑	光滑		

主要特性

萌芽性	好	茎叶生长势	强
单株结薯数	中	结薯习性	集中
自然开花性	不开花	季节型	春夏秋薯
耐旱性	极强	耐湿性	中上
耐肥性	中上	切干率	29% 左右
熟食味	上	幼苗生长势	强
抗病虫性	抗黑斑病、感茎线虫病	鲜薯产量	高

栽培及其他　适宜平原、丘陵、瘠薄或肥沃地栽植。贮藏入窖前用多菌灵 1 000 倍液浸 10 分钟防病害。育苗时种薯排放略稀为宜。夏薯亩产 2 000 ~ 2 500 kg。黄淮流域薯区均可应用。

苏薯 1 号

苏薯 2 号

品种来源 江苏省农业科学院 1983 年以“南丰 × 栗子香”进行有性杂交选育而成。曾称宁 180，1989 年经江苏省农作物品种审定委员会审定通过，并命名为苏薯 2 号。系号宁 403-180。

主要特征

叶	叶色	绿	顶叶色	绿边缘微褐
	叶大小	较大	叶形	心脏形至浅缺刻
	叶脉色	紫	脉基色	紫
茎	茎粗细	粗	茎长短	中
	茎色	绿带紫	顶端茸毛	较多
	基部分枝	中	株型	匍匐
薯块	薯形	长纺锤形	薯块大小	中
	皮色	紫红	肉色	白淡黄
	薯皮粗滑	光滑		

主要特性

萌芽性	中	茎叶生长势	强
单株结薯数	中	结薯习性	集中
自然开花性	不开花	季节型	春夏薯
耐旱性	中	耐湿性	中
耐肥性	中上	切干率	36% 左右
熟食味	上	幼苗生长势	强
抗病虫性	高抗根腐病	鲜薯产量	较高

栽培及其他 适作春夏薯，夏薯应早栽。宜在肥水条件较好地区栽植，高垄密植。春薯每亩 3 000 ~ 3 500 株，夏薯每亩 3 500 ~ 4 000 株。直插以提高大薯率。用多菌灵浸种浸苗防治黑斑病。适合在长江中下游及黄淮流域应用。

苏薯 3 号

品种来源 江苏徐州甘薯研究中心以“徐薯 18× 群力 2 号”通过有性杂交选育而成。1990 年经江苏省农作物品种审定委员会审定通过，并命名为苏薯 3 号。系号 83-1-289。

主要特征

叶	叶色	绿	顶叶色	淡绿
	叶大小	大	叶形	心脏形
	叶脉色	紫	脉基色	紫
茎	茎粗细	粗	茎长短	较长
	茎色	绿带紫	顶端茸毛	多
	基部分枝	较少	株型	匍匐
薯块	薯形	下膨纺锤形	薯块大小	大
	皮色	淡红	肉色	白
	薯皮粗滑	光滑		

主要特性

萌芽性	好	茎叶生长势	强
单株结薯数	中	结薯习性	集中、后劲大
自然开花性	不开花	季节型	春夏薯
耐旱性	中	耐湿性	强
耐肥性	强	切干率	34% 左右
熟食味	中上	幼苗生长势	强
抗病虫性	高抗根腐病	鲜薯产量	高

栽培及其他 育苗时稀排种薯，每平方米 15 ~ 17 kg。密度每亩 3 000 ~ 4 000 株，宜早栽斜插，提高大薯率。适合在黄淮流域水肥条件较好的平原地区应用。

苏薯 3 号

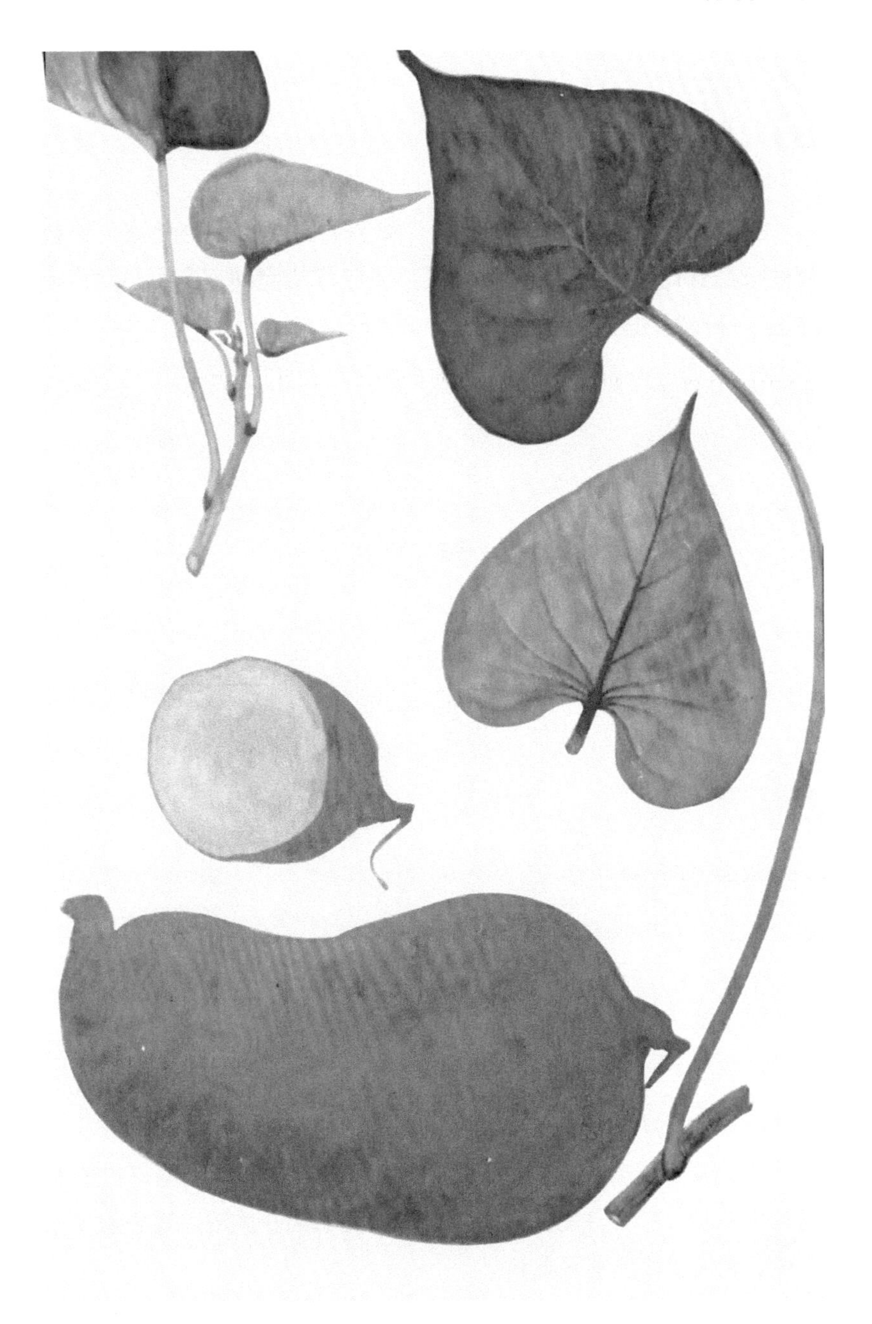

苏薯 4 号

品种来源　江苏省农业科学院以“闽 73-51×Centennial”进行有性杂交选育而成。1992 年经江苏省农作物品种审定委员会审定通过，并命名为苏薯 4 号。

主要特征

叶	叶色	绿	顶叶色	绿
	叶大小	中	叶形	深复缺刻
	叶脉色	绿	脉基色	绿
茎	茎粗细	较粗	茎长短	较短
	茎色	绿	顶端茸毛	中
	基部分枝	较多	株型	半直立
薯块	薯形	纺锤形	薯块大小	较大
	皮色	紫红	肉色	橘红
	薯皮粗滑	光滑		

主要特性

萌芽性	好	茎叶生长势	中
单株结薯数	中	结薯习性	集中
自然开花性	不开花	季节型	春夏薯
耐旱性	较强	耐湿性	中
耐肥性	中	切干率	26% 左右
熟食味	中上	幼苗生长势	中
抗病虫性	高抗茎线虫病	鲜薯产量	高

栽培及其他　育苗时，苗床排薯宜稀些，以控苗量、促苗发壮。适时早栽，夏薯 6 月 10 日前扦插，密度每亩 4 000 株。施肥以有机肥料作基肥，看苗追肥，氮、磷、钾三元素配合施用。适合长江中下游及黄淮流域夏薯区栽植。

苏薯4号

红头 8 号

品种来源 浙江省农业科学院 1960 年以 57-27 作母本、胜 72 作父本，杂交选育而成。原系号 60-13-8。

主要特征

叶	叶色	绿	顶叶色	紫褐
	叶大小	中	叶形	心齿或浅单缺刻
	叶脉色	淡紫	脉基色	紫
茎	茎粗细	较粗	茎长短	中
	茎色	绿	顶端茸毛	少
	基部分枝	多	株型	匍匐
薯块	薯形	圆筒形	薯块大小	大
	皮色	姜黄	肉色	白至淡黄
	薯皮粗滑	较光滑、无条沟		

主要特性

萌芽性	好	茎叶生长势	强
单株结薯数	中	结薯习性	较早不集中
自然开花性	开花	季节型	夏秋薯
耐旱性	中	耐湿性	中
耐肥性	强	烘干率	26.84%
熟食味	上	淀粉率	18.67%
鲜薯产量	中	可溶性糖	2%
耐贮性	中	粗蛋白	1.24%
抗病虫性	中抗薯瘟病，感黑斑病、软腐病和根腐病		

栽培及其他 该品种在浙江省已推广有较大面积。在栽培中注意选择肥水条件好的地块扦插，施足底肥、适时追肥，留秋薯作种薯。

红头 8 号

红红 1 号

品种来源 1965 年浙江省农业科学院作物研究所以瑞安红皮红心为母本，放任授粉后代选育而成。

主要特征

叶	叶色	绿	顶叶色	绿
	叶大小	中	叶形	卵圆形、也有浅缺刻
	叶脉色	紫	脉基色	紫
茎	茎粗细	中	茎长短	长
	茎色	绿	顶端茸毛	中
	基部分枝	多	株型	匍匐
薯块	薯形	短纺锤形至球形	薯块大小	大
	皮色	淡红	肉色	白微带紫晕
	薯皮粗滑	较光滑、无条沟		

主要特性

萌芽性	极好、出苗快而多	茎叶生长势	强
单株结薯数	中	结薯习性	早而集中
自然开花性	不开花	季节型	春夏薯
耐旱性	较强	耐湿性	较强
耐肥性	中	切干率	（夏薯晒干）30% ~ 35%
熟食味	上	鲜薯产量	高
抗病虫性	抗根腐病、蔓割病、疮痂病，不抗薯瘟及黑斑病		

栽培及其他 该品种耐旱耐瘠适应性强，曾在浙江省已推广 30 多万亩，一般亩产 1 500 ~ 3 000 kg，高产可达 4 000 kg。由于萌芽性好，出苗快而多，育苗要稀排种薯，扦插时适当密植。注意不在薯瘟病区栽植，并注意防治黑斑病和地下害虫。

三合薯

品种来源 从浙江省富阳县（现杭州市富阳区）三合大队的杂交后代中选出。据山东省荣城县（现荣成市）农业局连续6年对900多份品种（系）材料进行抗病鉴定，认为高抗茎线虫病。

主要特征

叶	叶色	绿	顶叶色	绿
	叶大小	小	叶形	心脏形
	叶脉色	淡绿	脉基色	淡绿至微紫
茎	茎粗细	中	茎长短	中
	茎色	绿	顶端茸毛	无
	基部分枝	多	株型	匍匐
薯块	薯形	纺锤形	薯块大小	大
	皮色	红	肉色	白至淡黄
	薯皮粗滑	较光滑、无条沟		

主要特性

萌芽性	好	茎叶生长势	中
单株结薯数	中	结薯习性	较早、集中
自然开花性	开花	季节型	春夏薯
耐旱性	中	耐湿性	较强
耐肥性	中	切干率	（春薯晒干）20% ~ 25%
熟食味	中	鲜薯产量	高
抗病虫性	高抗茎线虫病		

栽培及其他 该品种的突出特点是高抗甘薯茎线虫病。据山东省荣城县农业局连续3年多点试验，在轻重病地均几乎不感染，1977年7处试验，较对照种济薯1号感病程度降低98% ~ 100%，鲜薯无病薯块比对照种高222%。适宜在茎线虫病区推广应用。是一个极好的高抗茎线虫病品种。亩产1 500 ~ 2 000 kg，高产可达4 000 kg左右。

三合薯

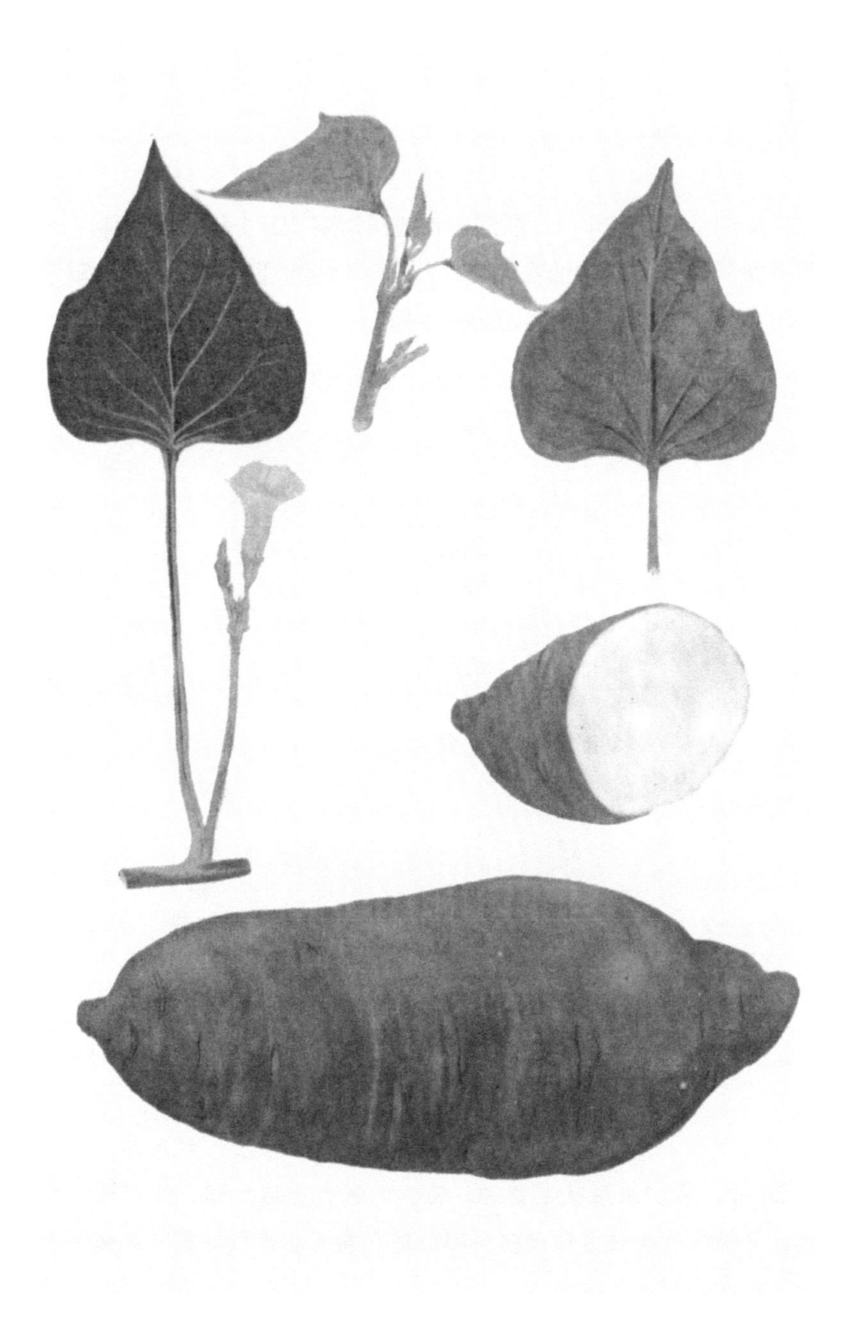

浙薯 1 号

品种来源 原名花半 1，浙江省农业科学院 1971 年从“新种花 × 栗子香”杂交后代中选育而成。1984 年经浙江省农作物品种审定委员会审定通过，并定名为浙薯 1 号。

主要特征

叶	叶色	绿	顶叶色	绿
	叶大小	中	叶形	心脏形
	叶脉色	紫	脉基色	紫
茎	茎粗细	较粗	茎长短	长
	茎色	绿	顶端茸毛	少
	基部分枝	中	株型	匍匐
薯块	薯形	纺锤形	薯块大小	较大
	皮色	红	肉色	淡黄
	薯皮粗滑	光滑		

主要特性

萌芽性	好	茎叶生长势	强
单株结薯数	中	结薯习性	集中
自然开花性	不开花	季节型	春薯
耐旱性	较弱	耐湿性	中
耐肥性	中	切干率	33% 左右
熟食味	中上	幼苗生长势	强
抗病虫性	较抗根腐病等	鲜薯产量	高

栽培及其他 适宜在水肥条件较好的土地上种植。栽春薯，每亩 3 000 株左右。采用秋薯留种。耕作时进行土壤处理。防治地下害虫，扦插后也要注意防治病虫害。适合在长江流域栽植，是食用和加工红薯淀粉兼优品种。

浙薯1号

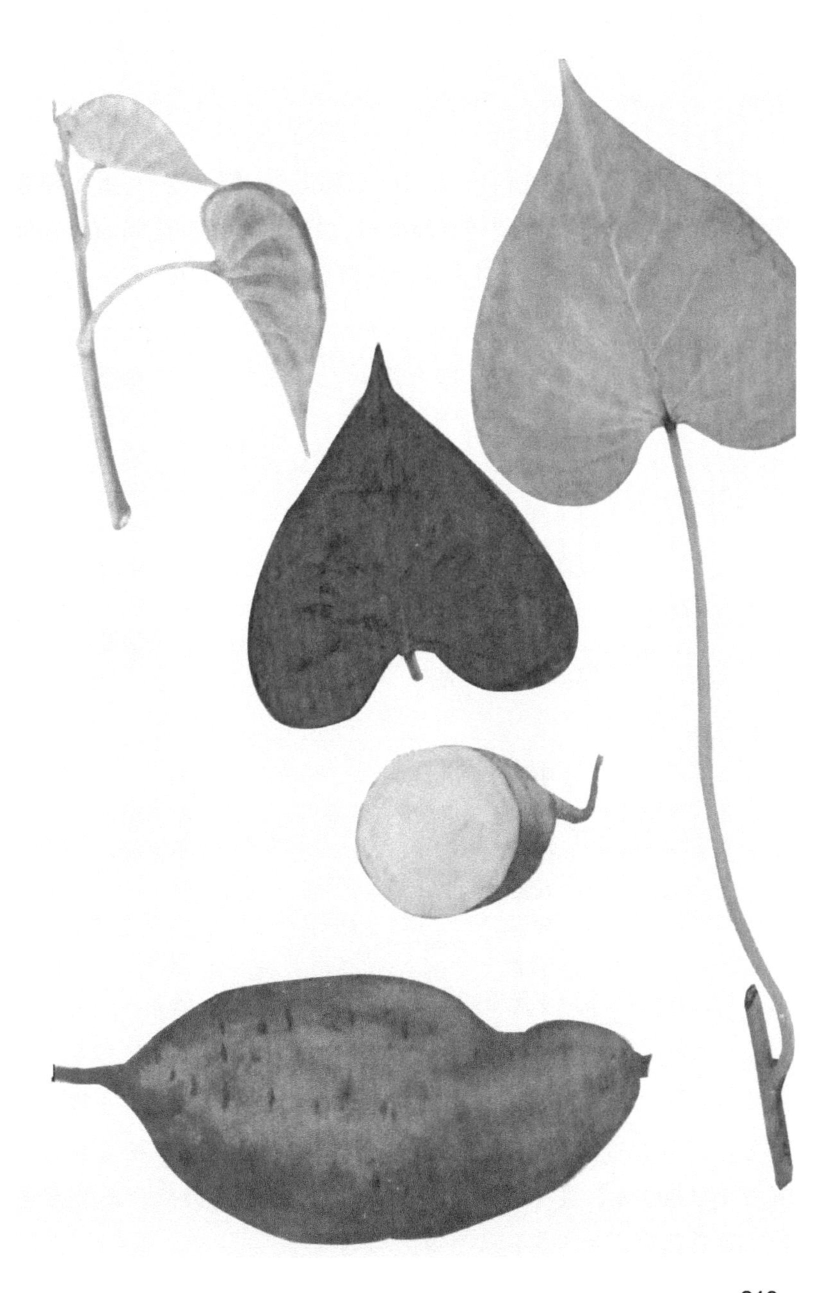

浙薯 2 号

品种来源 浙江省农业科学院 1978 年以“宁薯 1 号 × 近缘植物乌干达牵牛”进行有性杂交选育而成，1988 年经浙江省农作物品种审定委员会审定通过，并命名为浙薯 2 号。系号 79-60-2。

主要特征

叶	叶色	绿	顶叶色	黄绿
	叶大小	中	叶形	心脏形
	叶脉色	绿带紫	脉基色	紫
茎	茎粗细	较粗	茎长短	较短
	茎色	绿	顶端茸毛	中
	基部分枝	中	株型	半直立
薯块	薯形	纺锤形	薯块大小	较大
	皮色	紫红	肉色	淡黄
	薯皮粗滑	光滑		

主要特性

萌芽性	中下	茎叶生长势	强
单株结薯数	较少	结薯习性	早而集中
自然开花性	不开花	季节型	不论春
耐旱性	较差	耐湿性	强
耐肥性	较强	切干率	29% 左右
熟食味	中上	幼苗生长势	强
抗病虫性	感黑斑病	鲜薯产量	较高

栽培及其他 育苗时为了增加出苗量提高苗质，应较密排种薯，苗床施足水肥，加农膜提高床温。栽植于水肥条件好的疏松土壤，施足基肥、看苗追肥防早衰。每亩 3 500 ~ 4 000 株。早挖薯早上市可亩栽 3 000 株。注意防治地下害虫、田鼠及黑斑病。适宜栽夏薯、薯菜两熟，和玉米、大豆等农作物间作。

浙薯2号

湘农黄皮

品种来源 是湖南省农业科学研究所（现湖南省农业科学院作物研究所）1957年以“胜利百号 × 南瑞苕”杂交选育而成。系号138。

主要特征

叶	叶色	浓绿	顶叶色	绿
	叶大小	中	叶形	心脏形带齿至浅缺刻
	叶脉色	紫	脉基色	紫
茎	茎粗细	粗	茎长短	短
	茎色	绿带紫	顶端茸毛	中
	基部分枝	中	株型	匍匐
薯块	薯形	下膨纺锤形	薯块大小	较大
	皮色	黄	肉色	橘红
	薯皮粗滑	光滑	条沟	无条沟

主要特性

萌芽性	较好	茎叶生长势	强
单株结薯数	中	结薯习性	早而集中
自然开花性	不开花	季节型	夏薯
耐旱性	强	耐湿性	较弱
耐肥性	强	切干率	（春薯晒干）30%左右
熟食味	上	鲜薯产量	高
抗病虫性	抗薯瘟和疮痂病，感黑斑病		

栽培及其他 据湖南省1960—1963年4年品种比较试验，比胜利百号增产25.5%，曾在湖南省推广约50万亩。在加强水肥管理的同时适当提高扦插密度，夏薯4 000 ~ 5 000株/亩，秋薯5 000 ~ 6 000株/亩。作秋薯利用有发展之势，道县一带曾大面积推广，此品种还适宜作间作套种。是食用和食品加工的优良品种。一般亩产1 500 ~ 2 000 kg，高产可达4 000 kg。

湘农黄皮

湘薯 5 号

品种来源 湖南省农业科学院作物研究所 1973 年用华北 48 作母本放任授粉，从其后代中选育而成。

主要特征

叶	叶色	绿	顶叶色	淡绿
	叶大小	中	叶形	心脏形，或带浅缺刻
	叶脉色	紫	脉基色	紫
茎	茎粗细	粗	茎长短	短
	茎色	绿带紫	顶端茸毛	中
	基部分枝	少	株型	匍匐、较疏散
薯块	薯形	长纺锤形	薯块大小	大
	皮色	红	肉色	橘黄
	薯皮粗滑	较粗糙	条沟	无条沟

主要特性

萌芽性	中	茎叶生长势	强
单株结薯数	中	结薯习性	较集中
自然开花性	不开花	季节型	春夏薯
耐旱性	强	耐湿性	弱
耐肥性	强	切干率	（夏薯晒干）30%
熟食味	中上	鲜薯产量	高
抗病虫性	高抗薯瘟又抗根腐病		

栽培及其他 该品种的突出特点是高抗薯瘟又抗根腐病。是一个很好的抗病良种，适合在薯瘟病区及薯瘟病、根腐病复合病区推广。一般亩产 2 000 kg 左右，高产可达 3 500 kg 以上。

湘薯5号

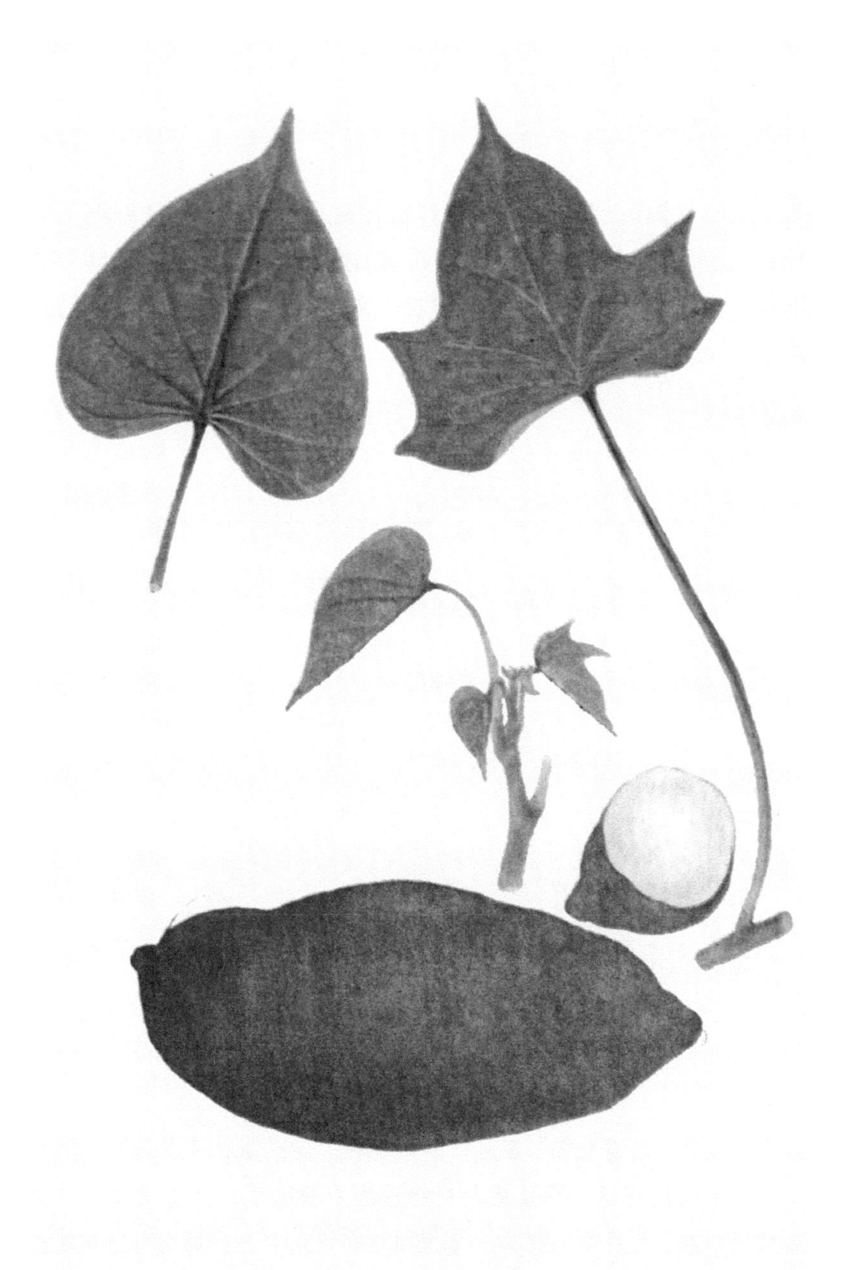

湘薯 12 号

品种来源 湖南省农业科学院作物研究所以“徐薯 18× 湛 73-165”进行有性杂交的种子，由湖南省娄底地区农科所和省院作物所共同育成。1988 年经湖南省农作物品种审定委员会审定通过，并命名为湘薯 12 号。

主要特征

叶	叶色	绿	顶叶色	淡绿
	叶大小	中	叶形	浅复缺刻
	叶脉色	紫	脉基色	紫
茎	茎粗细	中	茎长短	长
	茎色	绿带紫	顶端茸毛	少
	基部分枝	少	株型	匍匐
薯块	薯形	纺锤形	薯块大小	较大
	皮色	红	肉色	白
	薯皮粗滑	光滑		

主要特性

萌芽性	好	茎叶生长势	强
单株结薯数	中	结薯习性	集中
自然开花性	不开花	季节型	夏秋薯
耐旱性	强	耐湿性	中
耐肥性	中	切干率	34% 左右
熟食味	中上	幼苗生长势	强
抗病虫性	抗小象鼻虫，较抗薯瘟	鲜薯产量	高

栽培及其他 培育壮苗，3 月中下旬排种，温床盖农膜或露地盖膜育苗。苗床施足底肥，出苗后及时揭膜。中耕除草，促发根壮苗。夏薯适时早栽，5 月中下旬栽，每亩 4 000 株左右，秋薯每亩 5 000 株左右。适合南方薯区，尤以小象鼻虫发生区，可明显减轻其为害。

湘薯12号

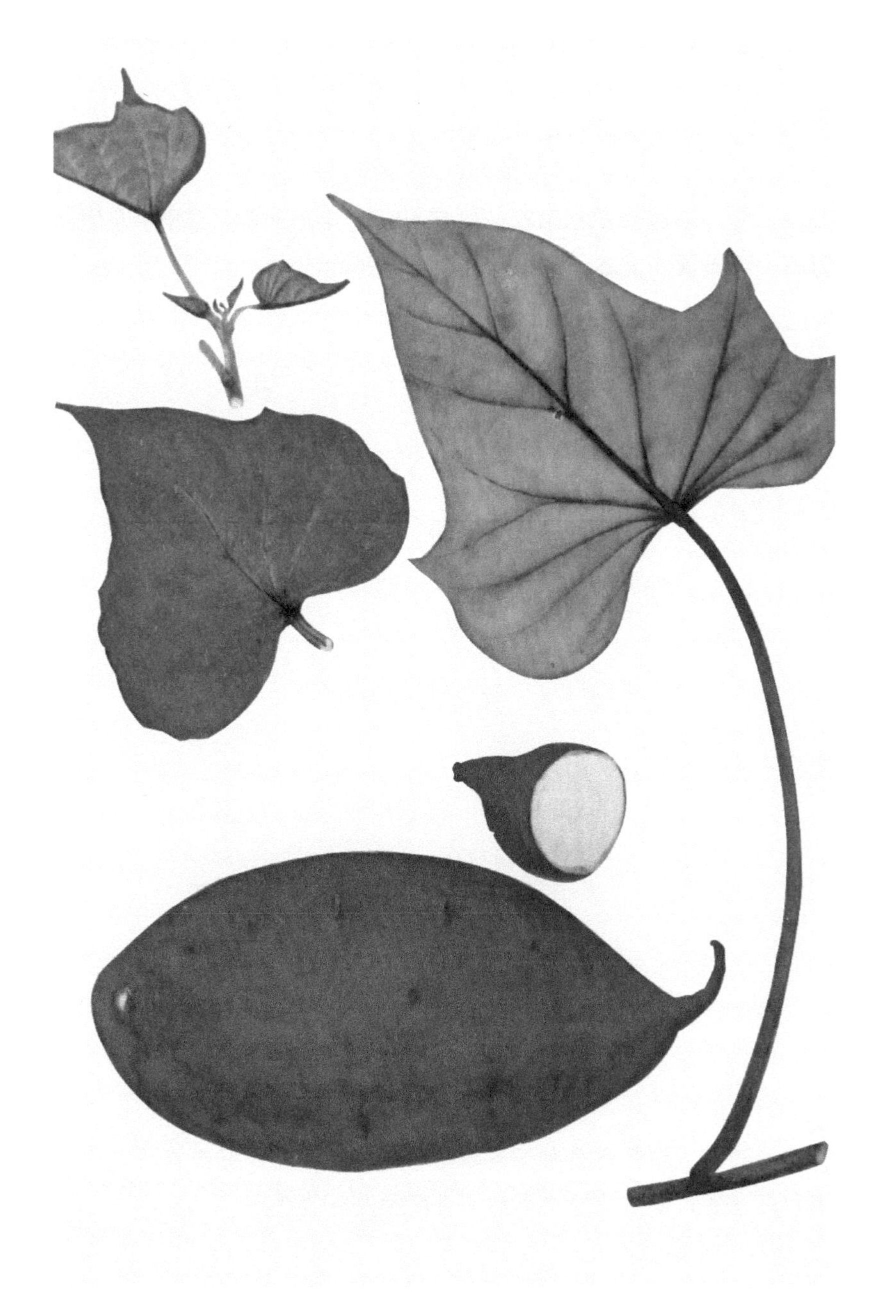

龙岩 7-3

品种来源 福建省龙岩市农业科学研究所 1963 年以漳州小五齿作母本、鸡母薯作父本，进行有性杂交选育而成。

主要特征

叶	叶色	浓绿	顶叶色	绿
	叶大小	中	叶形	浅复缺刻
	叶脉色	紫	脉基色	紫
茎	茎粗细	中	茎长短	中
	茎色	绿带紫	顶端茸毛	中
	基部分枝	中	株型	半直立
薯块	薯形	长圆形	薯块大小	较大
	皮色	黄	肉色	橘红
	薯皮粗滑	较光滑、无条沟		

主要特性

萌芽性	较好	茎叶生长势	较强
单株结薯数	较多	结薯习性	较迟
自然开花性	不开花	季节型	秋薯
耐旱性	强	耐湿性	强
耐肥性	中	烘干率	25% 左右
熟食味	上	可溶性糖	6.12%
鲜薯产量	高	耐贮性	中
抗病虫性	中抗薯瘟		

栽培及其他 该品种是加工连城薯干的主要品种。分布在福建省西南和广东省东部。栽培中要加大密度和及时收获。

龙岩 7-3

新种花

品种来源 福建省安溪县湖头乡后溪大队陈罗庚 1954 年从当地农家种“新种”放任授粉种子选育而成。

主要特征

叶	叶色	绿	顶叶色	绿
	叶大小	中	叶形	浅复缺刻
	叶脉色	淡紫	脉基色	紫
茎	茎粗细	中	茎长短	中
	茎色	绿、基部带紫	顶端茸毛	多
	基部分枝	中	株型	匍匐
薯块	薯形	纺锤形	薯块大小	大
	皮色	粉红	肉色	淡黄
	薯皮粗滑	较光滑、无条沟		

主要特性

萌芽性	差	茎叶生长势	强
单株结薯数	少	结薯习性	集中
自然开花性	不开花	季节型	不论春型
耐旱性	较强	耐湿性	中
耐肥性	中	切干率	28% 左右
熟食味	中	鲜薯产量	高
抗病虫性	差		

栽培及其他 该品种分布于福建省各地，约占全省甘薯总面积半数以上。宜用秋薯块温床育苗并注意应提纯复壮。不适宜在薯瘟病区栽植，并注意防治蔓割病和疮痂病。一般亩产 1 500 ~ 2 500 kg，高产可达 5 000 kg。

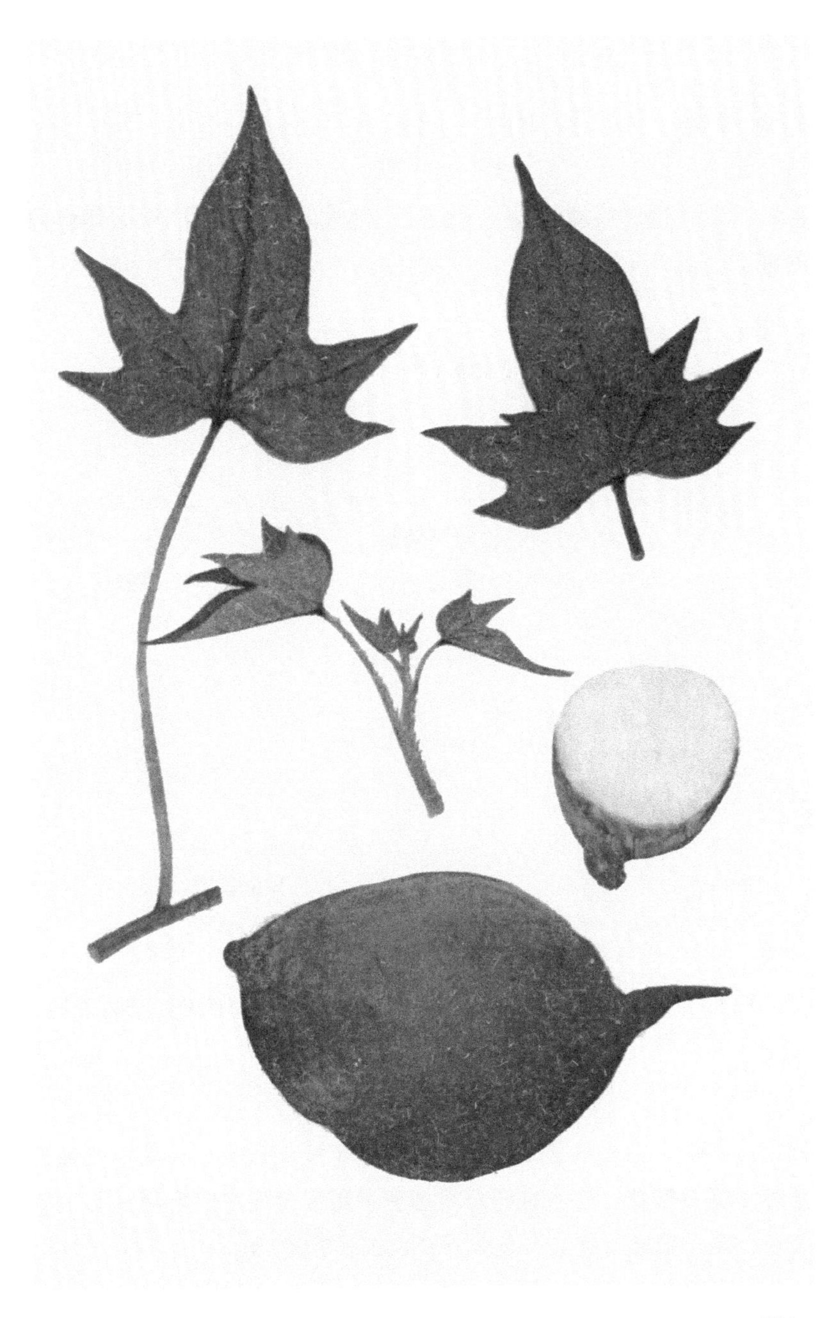

浦薯 1 号

品种来源 福建省漳浦县下尾公社山前大队科技小组 1965 年选育而成。

主要特征

叶	叶色	绿	顶叶色	绿
	叶大小	小	叶形	掌状
	叶脉色	微紫	脉基色	紫
茎	茎粗细	中	茎长短	短
	茎色	绿略带紫	顶端茸毛	少
	基部分枝	多	株型	半直立
薯块	薯形	短纺锤形或椭圆形	薯块大小	大
	皮色	红	肉色	白
	薯皮粗滑	光滑、无条沟		

主要特性

萌芽性	较差	茎叶生长势	强
单株结薯数	中	结薯习性	早而集中
自然开花性	不开花	季节型	不论春型
耐旱性	强	耐湿性	中
耐肥性	强	切干率	（春薯晒干）25% 左右
熟食味	中	鲜薯产量	高
抗病虫性	抗丛枝病和疮痂病		

栽培及其他 在福建省龙溪、晋江、莆田等地区推广。栽培中应注意种薯育苗繁殖，适当提高扦插密度，田间管理中注意早追肥、早收获，晒干贮藏为宜。一般亩产 2 000 ~ 3 000 kg。

浦薯1号

岩齿红

品种来源 福建省龙岩地区农校、龙岩地区农业科学研究所 1964 年以“南瑞苕 × 小五齿”杂交选育而成。

主要特征

叶	叶色	浓绿	顶叶色	绿
	叶大小	较小	叶形	深裂复缺刻
	叶脉色	微紫	脉基色	紫
茎	茎粗细	较细	茎长短	短
	茎色	绿	顶端茸毛	极少
	基部分枝	多	株型	半直立
薯块	薯形	短纺锤形或块状	薯块大小	较大
	皮色	红	肉色	淡黄
	薯皮粗滑	较粗糙、有条沟、芽眼较深		

主要特性

萌芽性	好	茎叶生长势	强
单株结薯数	多	结薯习性	早
自然开花性	不开花	季节型	夏薯型，也可作秋薯
耐旱性	强	耐湿性	强
耐肥性	强	切干率	（春薯晒干）31% ~ 35%
熟食味	上	鲜薯产量	高
抗病虫性	中抗薯瘟		

栽培及其他 该品种高产稳产、适应性强，1974—1976 年福建省甘薯区域试验，鲜薯产量居首位，曾在福建省开始推广，广东省东北部和江西瑞金一带也曾引种。亩产 2 000 ~ 3 000 kg，高产可达 5 000 kg。栽培中应注意勿栽植于高肥、低洼潮湿、土壤黏重的地块。扦插时适当增加密度，做好种薯选留工作。

岩齿红

莆薯 53

品种来源 福建省莆田市农业科学研究所 1977 年从莆薯 3 号放任授粉的杂交后代中选育而成。1985 年经福建省农作物品种审定委员会审定通过，并定名为莆薯 53。

主要特征

叶	叶色	绿	顶叶色	浅绿
	叶大小	中	叶形	深复缺刻
	叶脉色	浅绿	脉基色	浅绿
茎	茎粗细	中	茎长短	短
	茎色	绿	顶端茸毛	少
	基部分枝	中	株型	半直立
薯块	薯形	下膨纺锤形	薯块大小	大
	皮色	红	肉色	白黄
	薯皮粗滑	光滑		

主要特性

萌芽性	好	茎叶生长势	强
单株结薯数	中	结薯习性	较早、集中
自然开花性	不开花	季节型	春夏秋薯
耐旱性	强	耐湿性	较强
耐肥性	中	切干率	24% 左右
熟食味	中	幼苗生长势	强
抗病虫性	较抗疮痂病	鲜薯产量	高

栽培及其他 扦插密度每亩 3 500 ~ 4 000 株，注意后期追肥，以防早衰和空心。栽后 120 ~ 150 天可收获。早管理早收获。用薯育苗栽植，适合各种土壤，对海滨盐碱旱薄地有很广的适应性。

福薯 87

品种来源 福建省农业科学院耕作轮作所以“潮薯 1 号 ×（胜利百号、满村香、华北 52-45、南丰、南瑞苕）”进行多父本有性杂交，选育而成。1986 年经福建省农作物品种审定委员会审定通过，并定名为福薯 87。

主要特征

叶	叶色	绿	顶叶色	绿、叶缘带淡紫
	叶大小	较大	叶形	深复缺刻
	叶脉色	绿	脉基色	绿微褐
茎	茎粗细	中	茎长短	短
	茎色	绿	顶端茸毛	无
	基部分枝	较多	株型	半直立
薯块	薯形	下膨纺锤形	薯块大小	较大
	皮色	土黄	肉色	黄白
	薯皮粗滑	中		

主要特性

萌芽性	好	茎叶生长势	中上
单株结薯数	中	结薯习性	集中
自然开花性	不开花	季节型	春夏秋薯
耐旱性	强	耐湿性	强
耐肥性	强	切干率	28% 左右
熟食味	中上	幼苗生长势	中上
抗病虫性	抗蔓割病	鲜薯产量	高

栽培及其他 有机肥料作基肥，及时追发棵肥，重施加边肥，后期根外追喷液肥。每年用薯块育春苗，夏秋薯应从无病薯田采苗，注意提纯复壮。可用于间作套种，也可平作，密度每亩 4 500 株左右。适合福建省及我国东南部薯区。

福薯 87

湘薯 13 号

品种来源 湖南省农业科学院以“湘薯 11x 徐薯 18”进行有性杂交，选育而成。1991 年经湖南省农作物品种审定委员会审定通过，并定名为湘薯 13 号。

主要特征

叶	叶色	绿	顶叶色	绿
	叶大小	较大	叶形	心脏形
	叶脉色	紫	脉基色	紫
茎	茎粗细	粗	茎长短	中
	茎色	绿带紫	顶端茸毛	多
	基部分枝	较多	株型	匍匐
薯块	薯形	下膨纺锤形	薯块大小	较大
	皮色	粉红	肉色	白、有紫晕
	薯皮粗滑	光滑		

主要特性

萌芽性	较好	茎叶生长势	强
单株结薯数	较少	结薯习性	集中
自然开花性	不开花	季节型	夏秋薯
耐旱性	较强	耐湿性	中
耐肥性	中	切干率	32% 左右
熟食味	中	幼苗生长势	强
抗病虫性	较抗根腐病	鲜薯产量	高

栽培及其他 晴天整地，施土杂肥作基肥。起垄扦插，5 月中下旬栽夏薯每亩栽培 4 000 ~ 5 000 株，7 月中下旬至 8 月初栽秋薯每亩 6 000 ~ 7 000 株。扦插后 1 个月中耕并追氮肥促苗，中期追氮磷钾复合肥，适合江南非薯瘟病区栽植。

湘薯 13 号

闽抗 330

品种来源 福建省农业科学院植物保护研究所从闽抗 329 的变异株选育而成。1990 年经福建省农作物品种审定委员会审定通过，并定名为闽抗 330。

主要特征

叶	叶色	绿	顶叶色	绿
	叶大小	中	叶形	心脏形
	叶脉色	紫	脉基色	紫
茎	茎粗细	粗	茎长短	短
	茎色	绿	顶端茸毛	少
	基部分枝	中	株型	匍匐
薯块	薯形	下膨纺锤形	薯块大小	较大
	皮色	白淡黄	肉色	淡黄
	薯皮粗滑	光滑		

主要特性

萌芽性	中	茎叶生长势	强
单株结薯数	中	结薯习性	集中
自然开花性	不开花	季节型	夏秋薯
耐旱性	中	耐湿性	较差
耐肥性	中	切干率	28% 左右
熟食味	中上	幼苗生长势	中
抗病虫性	抗薯瘟等病	鲜薯产量	高

栽培及其他 耕作时施足基肥，早施速效肥催苗，多施夹边肥，适当控制氮肥，使薯蔓壮而不徒长。扦插密度每亩 4 000 ~ 4 500 株。适合在薯瘟、蔓割病、丛枝病等疫病区作夏秋薯栽植。

福薯 26

品种来源 福建省农业科学院耕作轮作研究所（现福建省农业科学院作物研究所）以“A48 × 安溪竖仔”进行有性杂交，选育而成。1991 年经福建省农作物品种审定委员会审定通过，定名为福薯 26。

主要特征

叶	叶色	绿	顶叶色	绿
	叶大小	较大	叶形	心脏形
	叶脉色	绿	脉基色	绿
茎	茎粗细	粗	茎长短	短
	茎色	绿	顶端茸毛	无
	基部分枝	多	株型	半直立
薯块	薯形	短纺锤形	薯块大小	较大
	皮色	土黄	肉色	白黄
	薯皮粗滑	较光滑		

主要特性

萌芽性	好	茎叶生长势	强
单株结薯数	中	结薯习性	集中
自然开花性	不开花	季节型	春夏秋薯
耐旱性	强	耐湿性	中
耐肥性	中上	切干率	30% 左右
熟食味	中上	幼苗生长势	强
抗病虫性	抗根腐病等	鲜薯产量	高

栽培及其他 足肥巧施，基肥适量，多施加边肥，看苗追肥，适宜间套作，单栽应适当增加密度，每亩 4 000 ~ 4 500 株。培育无病壮苗，种薯、种苗应在无病田块选取，并注意提纯复壮。适合我国东南部薯区栽植。

福薯 26

惠红早

品种来源 广东省惠来县周田区抗美大队1963年从浮山红芋芽变株选育而成（又名惠来红、红心沙捞越）。1972年开始推广。

主要特征

叶	叶色	绿	顶叶色	紫红
	叶大小	中	叶形	深复缺刻
	叶脉色	紫	脉基色	紫
茎	茎粗细	中	茎长短	中
	茎色	绿	顶端茸毛	少
	基部分枝	多	株型	匍匐
薯块	薯形	纺锤形	薯块大小	中
	皮色	白至淡黄	肉色	白
	薯皮粗滑	光滑、无条沟		

主要特性

萌芽性	中	茎叶生长势	中
单株结薯数	中	结薯习性	集中
自然开花性	不开花	季节型	不论春型，夏秋栽更好
耐旱性	较强	耐湿性	弱
耐肥性	中	切干率	（秋薯烘干）28%
熟食味	中上	鲜薯产量	高
抗病虫性	易感薯瘟		

栽培及其他 该品种分布在广东、福建等省，在粤东及沿海一带栽培面积很大。栽培时应注意以高垄密植，每亩3 500株为宜。注意排水防涝，早追肥促增产。不适宜在薯瘟区栽植。一般亩产1 500 ~ 3 000 kg，高产可达5 000 kg。

惠红早

湛 64-285

品种来源 广东省湛江市农业科学研究所 1964 年以“禺北白 × 华北 48”杂交后代中选育而成。

主要特征

叶	叶色	绿	顶叶色	淡绿
	叶大小	较大	叶形	心脏形带齿
	叶脉色	绿	脉基色	绿
茎	茎粗细	粗	茎长短	较短
	茎色	绿	顶端茸毛	较少
	基部分枝	多	株型	匍匐
薯块	薯形	纺锤形	薯块大小	大
	皮色	白至淡黄	肉色	淡黄
	薯皮粗滑	中、无条沟		

主要特性

萌芽性	中	茎叶生长势	强
单株结薯数	多	结薯习性	较早
自然开花性	不开花	季节型	秋冬薯型
耐旱性	强	耐湿性	较弱
耐肥性	中	切干率	（秋薯烘干）24% 左右
熟食味	中	鲜薯产量	高
抗病虫性	不抗薯瘟		

栽培及其他 该品种主要分布在广东省湛江市与海南省等地，四川、广西也有栽植。推广面积曾达 100 万亩以上。突出特点是耐寒性强，是一个极好的冬薯品种。栽培中注意种薯育苗繁殖，防止退化，扦插宜浅，不栽薯瘟病区。亩产 2 000 ~ 2 500 kg。

湛 64-285

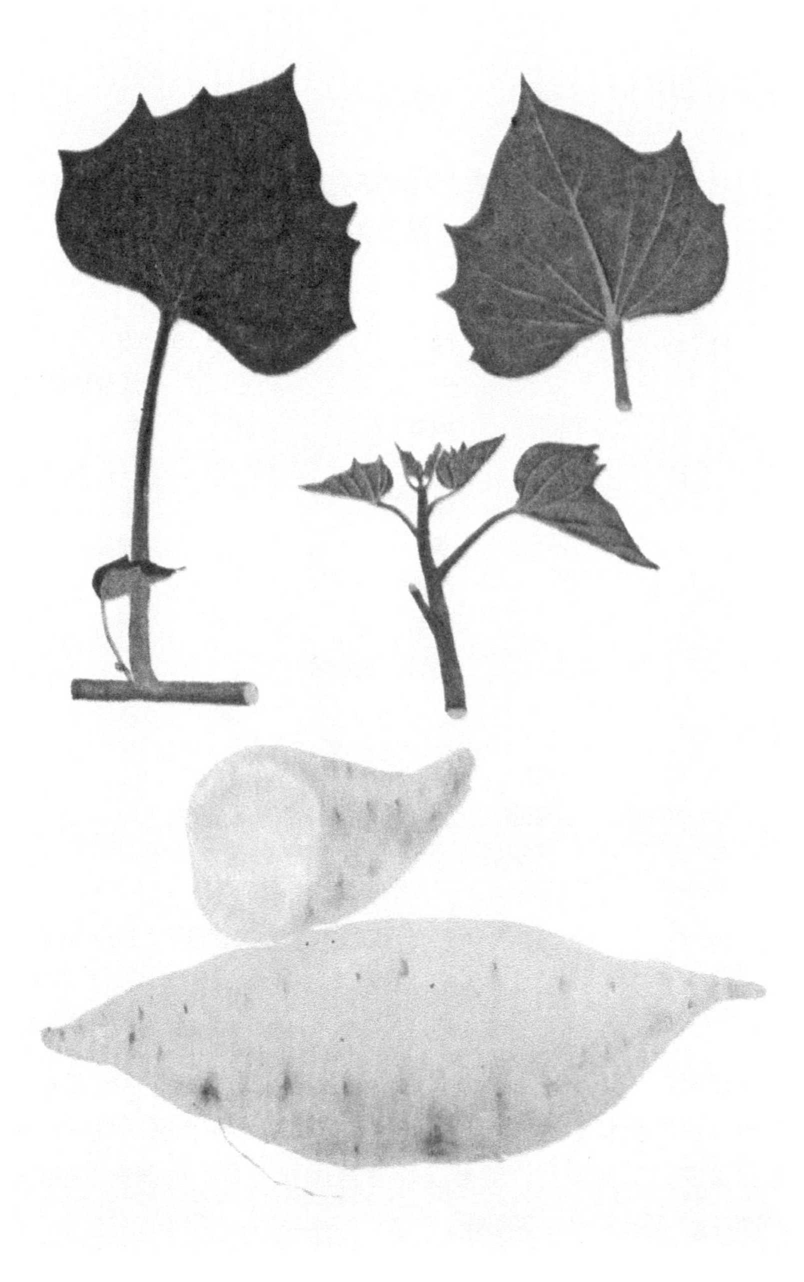

普薯 6 号

品种来源 广东省普宁县农业科学研究所（现普宁市农业科学研究所）1970 年用“普薯 3 号 × 新竹头”杂交选育而成。

主要特征

叶	叶色	绿	顶叶色	褐
	叶大小	中	叶形	浅复缺刻
	叶脉色	微紫	脉基色	紫
茎	茎粗细	中	茎长短	中
	茎色	绿带紫	顶端茸毛	中
	基部分枝	多	株型	匍匐
薯块	薯形	纺锤形	薯块大小	中
	皮色	淡黄	肉色	黄白
	薯皮粗滑	光滑、无条沟		

主要特性

萌芽性	中	茎叶生长势	中
单株结薯数	较多	结薯习性	早而集中
自然开花性	不开花	季节型	不论春
耐旱性	中	耐湿性	中
耐肥性	中	切干率	（秋薯晒干）30% 左右
熟食味	上	鲜薯产量	高
抗病虫性	较抗薯瘟及疮痂病		

栽培及其他 该品种主要分布在广东省汕头地区，其他地区也有栽植，推广面积曾达 100 万亩以上。栽培中应注意施足底肥，重施结薯肥，后期补肥，并要及时防治卷叶虫。一般亩产 2 500 ~ 3 000 kg，高产可达 5 000 kg。

普薯6号

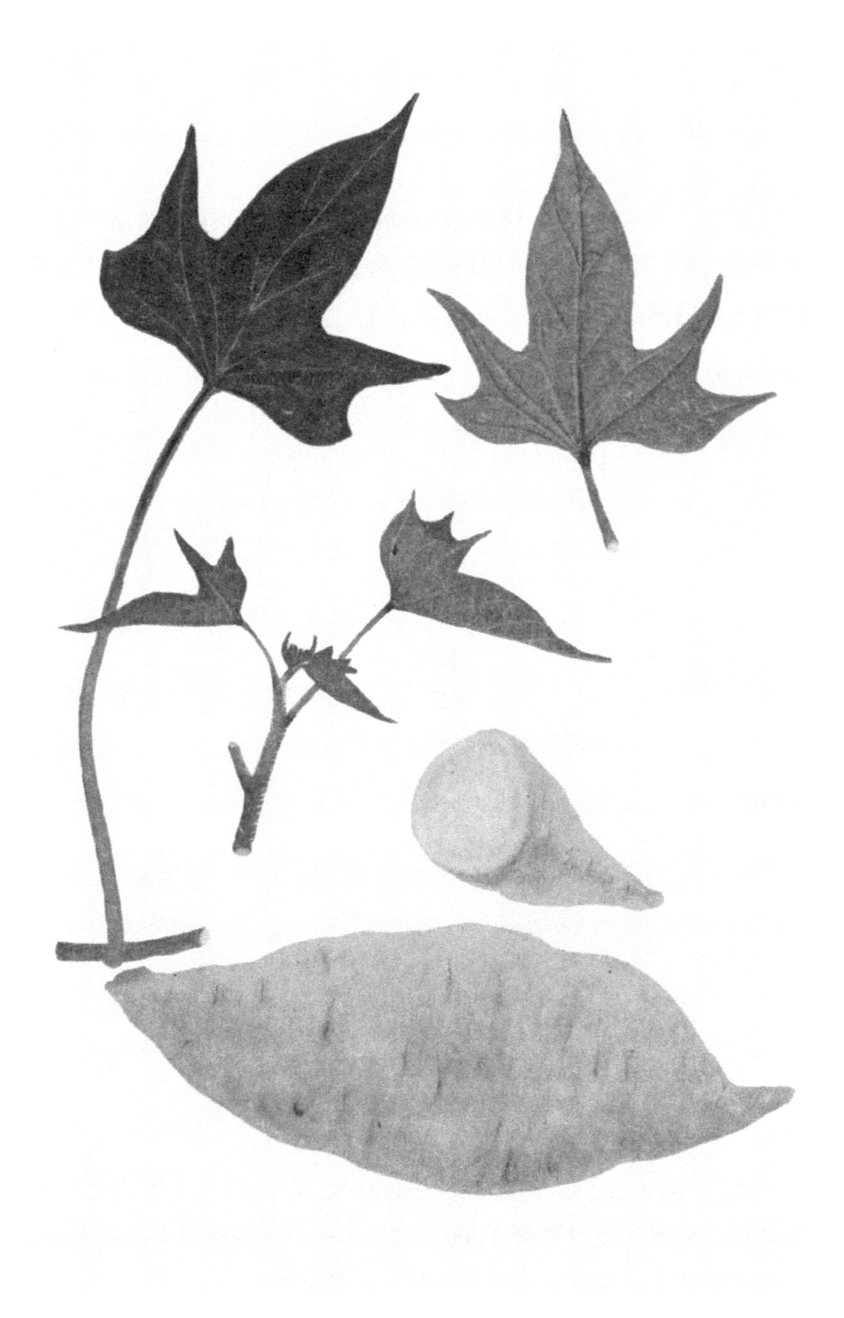

广薯 128

品种来源 广东省农业科学院旱地作物研究所 1979 年从“懒汉芋 × 潮薯 1 号”杂交后代中选育而成。1985 年经广东省农作物品种审定委员会审定通过，并定名为广薯 128。原名广薯 79-128。

主要特征

叶	叶色	绿	顶叶色	绿
	叶大小	中	叶形	心脏形带齿
	叶脉色	紫	脉基色	紫
茎	茎粗细	中	茎长短	中
	茎色	紫褐	顶端茸毛	少
	基部分枝	多	株型	匍匐
薯块	薯形	纺锤形	薯块大小	大
	皮色	淡红	肉色	橙黄
	薯皮粗滑	光滑		

主要特性

萌芽性	好	茎叶生长势	中上
单株结薯数	中	结薯习性	早而集中
自然开花性	不开花	季节型	春夏秋薯
耐旱性	较强	耐湿性	强
耐肥性	强	切干率	30% 左右
熟食味	中	幼苗生长势	中
抗病虫性	较抗疮痂病	鲜薯产量	高

栽培及其他 栽培中重施基肥，每亩农家肥 2 m^3、磷肥 25 kg、钾肥 15 kg、硫酸铵 5 kg 施面肥，扦插后 45 天和 90 天追施壮薯肥和壮尾肥。适当密植，每亩 3 000 ~ 3 500 株，以薯块育苗扦插为好。在南方薯区无薯瘟病地区作春、夏、秋薯栽植。

台南 18 号

品种来源 台湾台南区农业改良场 1969 年以“台南 15 号 × 新 31 号”进行有性杂交，1970 年选出，1980 年台湾新品种登记命名审查会议通过，命名为台南 18 号。

主要特征

叶	叶色	深绿	顶叶色	紫绿
	叶大小	中	叶形	浅裂单缺刻
	叶脉色	紫	脉基色	紫
茎	茎粗细	中	茎长短	中
	茎色	紫绿	顶端茸毛	多
	基部分枝	中	株型	匍匐
薯块	薯形	长纺锤形	薯块大小	大
	皮色	红褐	肉色	淡黄
	薯皮粗滑	光滑		

主要特性

萌芽性	中	茎叶生长势	较强
单株结薯数	较多	结薯习性	集中
自然开花性	不开花	季节型	秋冬薯
耐旱性	强	耐湿性	弱
耐肥性	强	切干率	31% 左右
熟食味	中上	幼苗生长势	强
抗病虫性	抗蔓割病	鲜薯产量	高

栽培及其他 适宜轮作田的中间作（接第二季水稻茬），在台湾于 10—11 月栽植，经 6 个月后翌年 4 月收获，每公顷收鲜薯 43 t 左右。用于制淀粉或饲料，不宜作春夏薯。

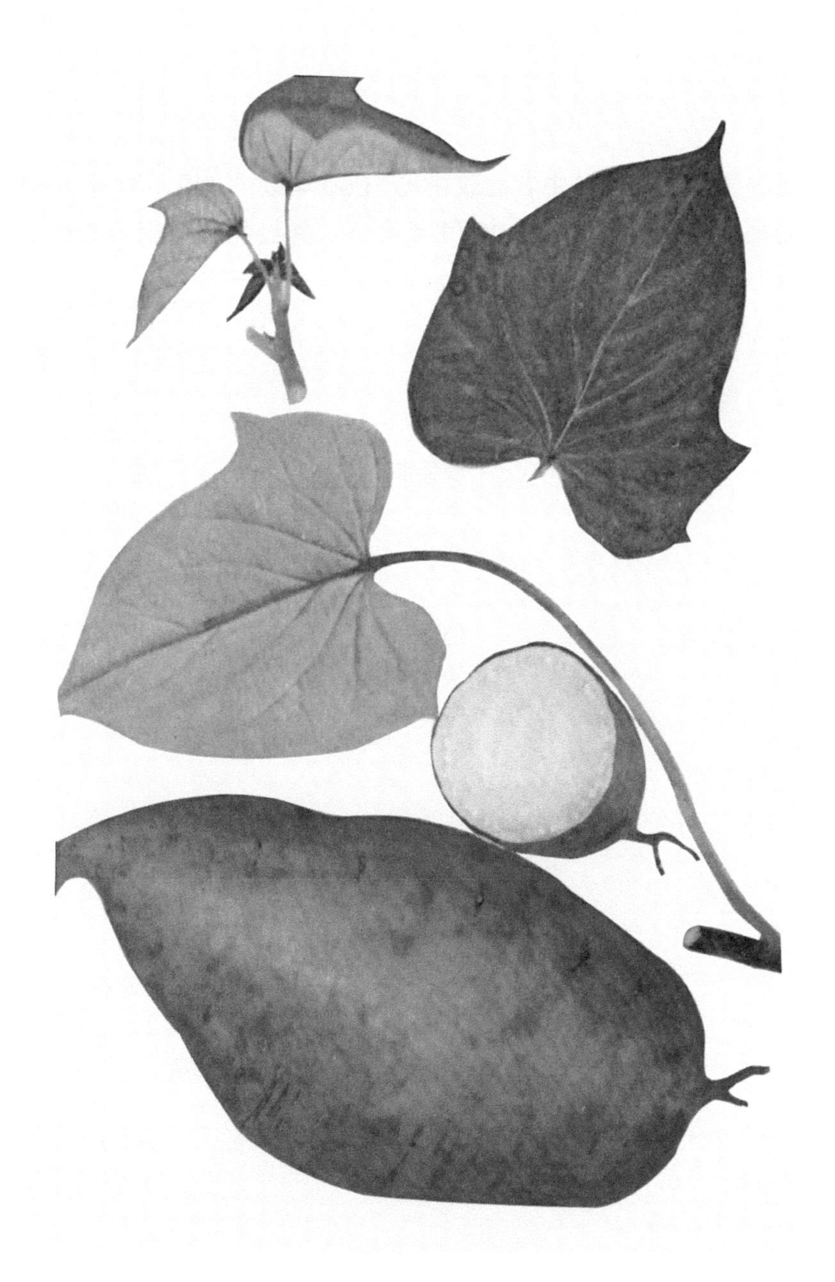

台中 1 号

品种来源 台湾台中农业改良场 1960 年以“冲绳 100 号 × 红心尾”进行有性杂交，1971 年育成。并经品种登记审查会议通过。

主要特征

叶	叶色	绿	顶叶色	紫红
	叶大小	较小	叶形	心脏形
	叶脉色	淡绿带淡紫	脉基色	紫
茎	茎粗细	中	茎长短	较短
	茎色	绿	顶端茸毛	无
	基部分枝	中	株型	匍匐
薯块	薯形	纺锤形	薯块大小	大
	皮色	淡黄	肉色	淡黄
	薯皮粗滑	表皮粗糙		

主要特性

萌芽性	中	茎叶生长势	中
单株结薯数	较多	结薯习性	早而集中
自然开花性	不开花	季节型	春夏秋薯
耐旱性	强	耐湿性	中
耐肥性	强	切干率	23% 左右
熟食味	中下	幼苗生长势	中
抗病虫性	抗蔓割病等	鲜薯产量	高

栽培及其他 适合与甘蔗间作或与其他作物混合种植，适作饲料用。

台中1号

台农 65 号

品种来源 台湾嘉义农业试验所利用甘薯轮回选择育种程序，由甘薯随机交配集团第四世代选出。1975 年品种登记审查会议通过。

主要特征

叶	叶色	深绿	顶叶色	淡紫绿
	叶大小	较大	叶形	心脏形
	叶脉色	淡紫	脉基色	淡紫
茎	茎粗细	粗	茎长短	中
	茎色	紫红	顶端茸毛	无
	基部分枝	中	株型	匍匐
薯块	薯形	纺锤形	薯块大小	大
	皮色	红棕	肉色	橙红
	薯皮粗滑	光滑		

主要特性

萌芽性	中	茎叶生长势	强
单株结薯数	较多	结薯习性	集中
自然开花性	不开花	季节型	春秋薯
耐旱性	弱	耐湿性	强
耐肥性	强	切干率	30% 左右
熟食味	上	幼苗生长势	中上
抗病虫性	抗强	鲜薯产量	高

栽培及其他 适宜秋薯、冬薯及春薯栽植，不宜作夏薯，秋薯注意保持土壤适当水分，冬薯选用保水力强的土壤，春薯生育期雨水多，蔓上易生根，应注意提蔓或翻蔓。春薯选择排水良好的土壤。注意防治猿叶虫及蚁象。

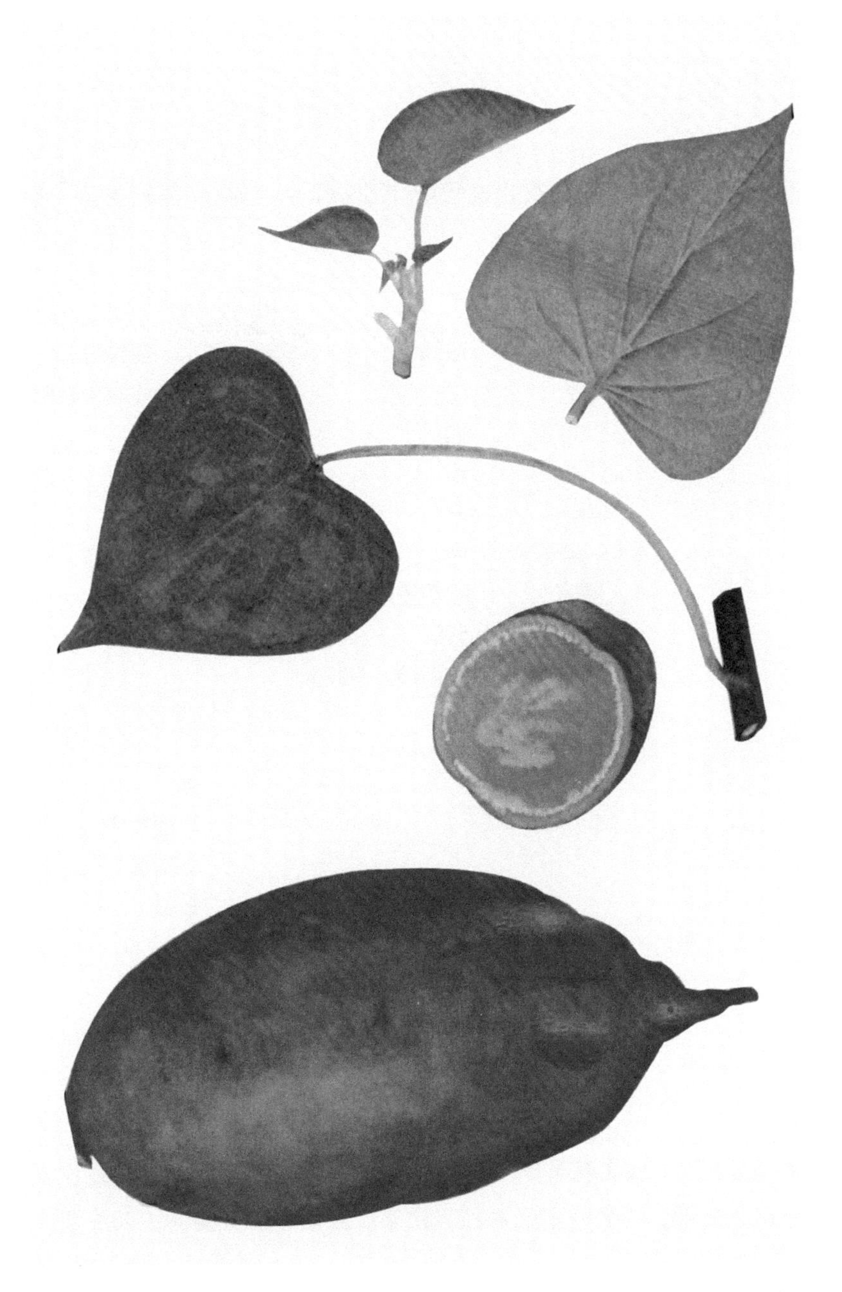

台农 3 号

品种来源 台湾嘉义农业试验所 1922 年从“站 × 美国黄皮”杂交后代中选育而成。

主要特征

叶	叶色	浓绿	顶叶色	绿带褐
	叶大小	中	叶形	浅裂单缺刻
	叶脉色	紫	脉基色	紫
茎	茎粗细	粗	茎长短	中
	茎色	紫	顶端茸毛	较多
	基部分枝	中	株型	半直立
薯块	薯形	短纺锤形	薯块大小	较大
	皮色	紫红	肉色	淡黄
	薯皮粗滑	较粗糙、有条沟		

主要特性

萌芽性	中	茎叶生长势	强
单株结薯数	中	结薯习性	早而集中
自然开花性	不开花	季节型	春夏薯
耐旱性	中	耐湿性	较强
耐肥性	强	烘干率	27.9%
熟食味	中	淀粉率	17.4%
鲜薯产量	中	可溶性糖	5.03%
耐贮性	好	粗蛋白	1.22%
抗病虫性	高抗黑斑病，较抗茎线虫病，感根腐病		

栽培及其他 宜在我国南方的甘蔗、水稻地后茬作夏、秋、冬薯种植。不抗根腐病，不宜在病区种植。注意贮藏期窖温勿偏高，以防发芽。

台农 3 号

台农 10 号

品种来源 台湾嘉义农业试验所，1922 年从“美国黄皮 × 美国红”杂交后代中选育而成。

主要特征

叶	叶色	浓绿	顶叶色	浅绿带褐缘
	叶大小	中	叶形	心脏形
	叶脉色	淡紫	脉基色	紫
茎	茎粗细	粗	茎长短	中
	茎色	紫	顶端茸毛	多
	基部分枝	多	株型	半直立
薯块	薯形	长纺锤形	薯块大小	中
	皮色	淡黄有浅紫红斑	肉色	淡黄
	薯皮粗滑	光滑，个别块有裂纹或浅条沟		

主要特性

萌芽性	中	茎叶生长势	强
单株结薯数	中	结薯习性	较迟、较集中
自然开花性	不开花	季节型	春夏薯
耐旱性	较强	耐湿性	较差
耐肥性	较强	烘干率	33.73%
熟食味	中上	耐贮性	好
鲜薯产量	高		
抗病虫性	高抗黑斑病，抗茎线虫病，重感根腐病		

栽培及其他 宜在南方薯区作夏秋冬薯栽植，也可和大田作物间作套种。在北方利用适宜早栽。在生产中利用较少，科研单位作品种资源保存，也有作杂交亲本利用。

台农 27 号

品种来源 台湾嘉义农业试验所于 1927 年从“美国黄皮 × 白和兰”杂交后代中选育而成。别名白竖藤，广东有传称“日本薯”。1940 年从台湾传入福建。

主要特征

叶	叶色	绿	顶叶色	绿
	叶大小	中	叶形	深裂单缺刻
	叶脉色	紫	脉基色	紫
茎	茎粗细	较细	茎长短	中
	茎色	绿带紫斑点	顶端茸毛	少
	基部分枝	多	株型	匍匐
薯块	薯形	纺锤形	薯块大小	大
	皮色	橙黄 *	肉色	淡黄 **
	薯皮粗滑	光滑、无条沟		

主要特性

萌芽性	中	茎叶生长势	中
单株结薯数	中	结薯习性	早而集中
自然开花性	不开花	季节型	不论春型
耐旱性	强	耐湿性	较弱
耐肥性	弱	切干率	（夏薯晒干）32% ~ 33%
熟食味	上	鲜薯产量	中
抗病虫性	较抗疮痂病和黑斑病		

栽培及其他 该品种主要分布在福建省的厦门、同安、南安、晋江、泉州、龙海、漳州、惠安、永春及海南省等地。栽培上要注意该品种适宜在旱地和半干旱地作春夏薯种植，不宜作冬薯。注意排水防涝，注意防治薯瘟及蚁象的为害。亩产 1 500 kg 左右。

* 初刨出土时薯皮呈白色，接触空气后逐渐变黄至橙黄色。

** 薯肉初切开时呈白色，切面接触空气后逐渐变至淡黄色。

台农 27 号

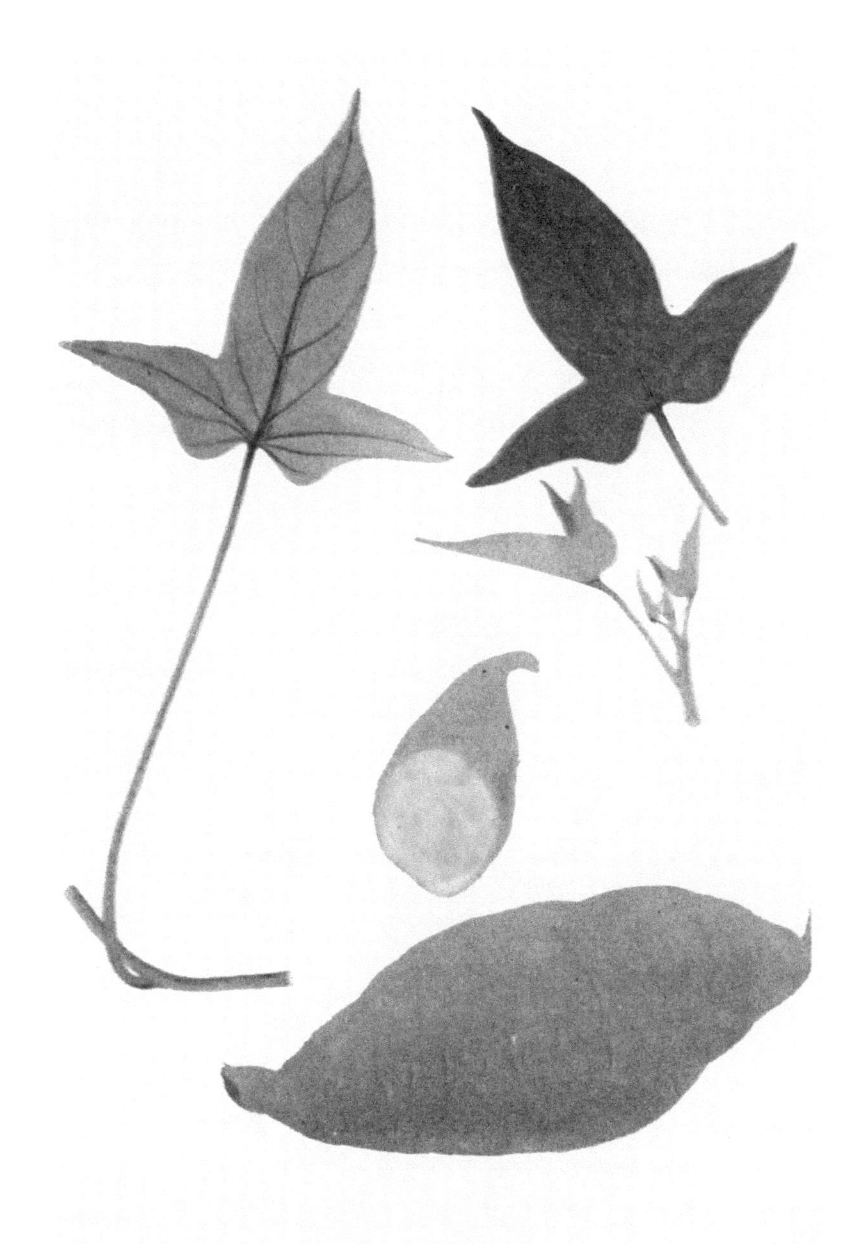

州薯 13 号

品种来源　海南黎族苗族自治州农业科学研究所 1971 年以“湛薯 1 号 × 州薯 64-224”杂交后代中选育而成（原名州薯 69-219）。

主要特征

叶	叶色	浓绿	顶叶色	绿
	叶大小	中	叶形	深裂复缺刻
	叶脉色	紫	脉基色	紫
茎	茎粗细	中	茎长短	中
	茎色	绿带紫	顶端茸毛	极少
	基部分枝	多	株型	半直立
薯块	薯形	长纺至筒状	薯块大小	大
	皮色	白至淡黄	肉色	白淡黄带紫晕
	薯皮粗滑	光滑、无条沟		

主要特性

萌芽性	好	茎叶生长势	较强
单株结薯数	较多	结薯习性	集中
自然开花性	不开花	季节型	秋冬薯
耐旱性	中	耐湿性	中
耐肥性	中	切干率	（秋薯晒干）26.4%
熟食味	中	鲜薯产量	高
抗病虫性	抗疮痂病，中抗薯瘟		

栽培及其他　该品种 1973 年被评为广东省推广品种之一。曾引种广东全省，以海南岛及湛江地区面积最大。栽培中注意水田要求高垄浅栽，及时排水，重施基肥、早追肥和巧施保叶肥。还适于窄畦密植。一般亩产 3 000 ~ 3 500 kg，高产可达 5 000 kg。

州薯 13 号

普利茗

品种来源 从美国引入中国。

主要特征

叶	叶色	绿	顶叶色	浅绿带褐缘
	叶大小	较大	叶形	浅复缺刻
	叶脉色	紫	脉基色	紫红
茎	茎粗细	中	茎长短	中
	茎色	紫	顶端茸毛	较少
	基部分枝	中	株型	匍匐
薯块	薯形	纺锤形	薯块大小	较小
	皮色	淡红	肉色	橘黄
	薯皮粗滑	较光滑、无条沟		

主要特性

萌芽性	中	茎叶生长势	中
单株结薯数	中	结薯习性	迟
自然开花性	不开花	季节型	春薯
耐旱性	中	耐湿性	中
耐肥性	差	烘干率	29.7%
熟食味	中	鲜薯产量	中
抗病虫性	抗茎线虫病，感黑斑病，重感根腐病		

栽培及其他 该品种生产中很少利用，科研单位作品种资源保存。

改良普利茬

品种来源 从美国引入中国。

主要特征

叶	叶色	绿	顶叶色	绿色褐缘
	叶大小	大	叶形	浅复缺刻
	叶脉色	紫红	脉基色	紫红
茎	茎粗细	中	茎长短	中
	茎色	紫	顶端茸毛	少
	基部分枝	中	株型	匍匐
薯块	薯形	纺锤形	薯块大小	较小
	皮色	橘红	肉色	橘黄
	薯皮粗滑	光滑、无条沟		

主要特性

萌芽性	中	茎叶生长势	中
单株结薯数	较少	结薯习性	迟、集中
自然开花性	不开花	季节型	春夏薯
耐旱性	中	耐湿性	中
耐肥性	中	烘干率	30.3%
熟食味	上	耐贮性	好
鲜薯产量	中		
抗病虫性	较抗黑斑病和茎线虫病，重感根腐病		

栽培及其他 因为鲜产较低，生产中很少利用。作品种资源保存和杂交育种的亲本材料试用。

南瑞苕

品种来源　美国品种，是美国南方主栽品种。1936 年引入我国南京，在华东试种推广。因种薯遗失，1940 年再次从美国引入我国四川省，后传及各地。

主要特征

叶	叶色	绿	顶叶色	绿
	叶大小	大	叶形	心脏形或带齿
	叶脉色	紫	脉基色	紫
茎	茎粗细	粗	茎长短	短
	茎色	绿带紫	顶端茸毛	多
	基部分枝	少	株型	匍匐
薯块	薯形	短纺锤形	薯块大小	较大（四川），一般偏小
	皮色	黄至淡褐	肉色	橙黄至橘红
	薯皮粗滑	较粗糙、条沟很浅		

主要特性

萌芽性	好	茎叶生长势	强
单株结薯数	较多	结薯习性	迟、集中
自然开花性	不开花	季节型	春薯
耐旱性	较强	耐湿性	较强
耐肥性	较强	切干率	（春薯烘干）34% 左右
熟食味	上	鲜薯产量	较高
抗病虫性	不抗黑斑病及蔓割病		

栽培及其他　该品种引入我国后，曾在四川大面积推广，后在西南地区和长江流域有一定利用价值。西南地区一般亩产 1 500 kg 左右。栽培中注意早育苗，高温育苗，扦插时适当增加密度。该品种是良好的育种亲本材料。

美国红

品种来源 从美国引入中国。

主要特征

叶	叶色	绿	顶叶色	紫褐
	叶大小	中	叶形	心齿或浅复缺刻
	叶脉色	紫	脉基色	紫
茎	茎粗细	粗	茎长短	中
	茎色	绿带紫	顶端茸毛	无
	基部分枝	多	株型	半直立
薯块	薯形	纺锤形	薯块大小	大
	皮色	紫红	肉色	白带紫晕
	薯皮粗滑	光滑、无条沟		

主要特性

萌芽性	好	茎叶生长势	较强
单株结薯数	中	结薯习性	较迟、集中
自然开花性	不开花	季节型	春夏薯
耐旱性	较强	耐湿性	中
耐肥性	强	烘干率	29.1%
熟食味	中	耐贮性	好
鲜薯产量	中		
抗病虫性	高抗黑斑病和茎线虫病，重感根腐病		

栽培及其他 在茎线虫病区有栽培利用。科研单位抗病育种作杂交亲本利用，杂交后代的茎叶生长势都较强。

美国红

五魁好

品种来源 从美国引入中国。

主要特征

叶	叶色	绿	顶叶色	绿
	叶大小	中	叶形	肾形带齿
	叶脉色	绿	脉基色	绿
茎	茎粗细	中	茎长短	短
	茎色	浅紫	顶端茸毛	较少
	基部分枝	中	株型	匍匐
薯块	薯形	长纺锤形	薯块大小	中
	皮色	黄褐	肉色	杏红
	薯皮粗滑	较光滑、无条沟		

主要特性

萌芽性	中下	茎叶生长势	中
单株结薯数	较少	结薯习性	迟、不太集中
自然开花性	不开花	季节型	春夏薯
耐旱性	较强	耐湿性	较强
耐肥性	较强	烘干率	25.4%
熟食味	上	耐贮性	好
鲜薯产量	中		
抗病虫性	抗茎线虫病，感黑斑病，重感根腐病		

栽培及其他 引入中国后，因鲜产较低，生产中很少利用。科研单位作品种资源保存，也作杂交育种亲本试用。

红　旗

品种来源　从美国引入中国。

主要特征

叶	叶色	浓绿	顶叶色	浅绿带紫
	叶大小	中	叶形	深复缺刻
	叶脉色	紫	脉基色	紫
茎	茎粗细	粗	茎长短	短
	茎色	紫	顶端茸毛	少
	基部分枝	中	株型	半直立
薯块	薯形	下膨纺锤形	薯块大小	中
	皮色	暗红	肉色	黄红
	薯皮粗滑	较粗糙、无条沟		

主要特性

萌芽性	中	茎叶生长势	强
单株结薯数	中	结薯习性	较早、集中
自然开花性	不开花	季节型	春夏薯
耐旱性	强	耐湿性	强
耐肥性	中	烘干率	27.3%
熟食味	中上	耐贮性	好
鲜薯产量	中		
抗病虫性	感黑斑病，重感茎线虫病和根腐病		

栽培及其他　引入中国后，科研单位进行观察和保存，很少在生产中利用。

农林 1 号

品种来源 从日本引入中国。在日本千叶岛以元气作母本、七福作父本，进行有性杂交选育而成。

主要特征

叶	叶色	绿	顶叶色	淡绿褐
	叶大小	中	叶形	心齿
	叶脉色	微紫	脉基色	紫
茎	茎粗细	中	茎长短	长
	茎色	淡紫	顶端茸毛	少
	基部分枝	中	株型	匍匐
薯块	薯形	纺锤形	薯块大小	中
	皮色	淡红	肉色	白黄
	薯皮粗滑	不太光滑、无条沟		

主要特性

萌芽性	好	茎叶生长势	中
单株结薯数	中	结薯习性	集中
自然开花性	不开花	季节型	春薯
耐旱性	强	耐湿性	中
耐肥性	中	烘干率	31.5%
熟食味	上	耐贮性	强
鲜薯产量	中		
抗病虫性	抗茎线虫病，较抗黑斑病，重感根腐病		

栽培及其他 引入中国后，生产中利用很少。科研单位作品种资源，进行试验和保存，以及作育种杂交亲本利用。

农林1号

农林 11 号

品种来源 从日本引入中国。在日本千叶岛以“九州 1 号 × 冲绳百号”杂交选育而成。

别　　名 黑不知（因高抗黑斑病，故有人称它黑不知）、关东 19 号。

主要特征

叶	叶色	绿	顶叶色	绿褐
	叶大小	中	叶形	心脏形带齿或浅复缺刻
	叶脉色	主脉微紫	脉基色	紫
茎	茎粗细	粗	茎长短	中
	茎色	绿	顶端茸毛	多
	基部分枝	中	株型	匍匐
薯块	薯形	下膨纺锤形	薯块大小	较大
	皮色	黄褐	肉色	白黄
	薯皮粗滑	较光滑、无条沟		

主要特性

萌芽性	好	茎叶生长势	中
单株结薯数	较少	结薯习性	早而集中
自然开花性	不开花	季节型	春夏薯
耐旱性	强	耐湿性	强
耐肥性	中	烘干率	26.6%
熟食味	中上	耐贮性	好
鲜薯产量	中		
抗病虫性	高抗黑斑病，较抗茎线虫病，重感根腐病		

栽培及其他 引入中国后，科研单位作品种资源观察保存，作育种亲本，在生产中利用较少。

农林 11 号

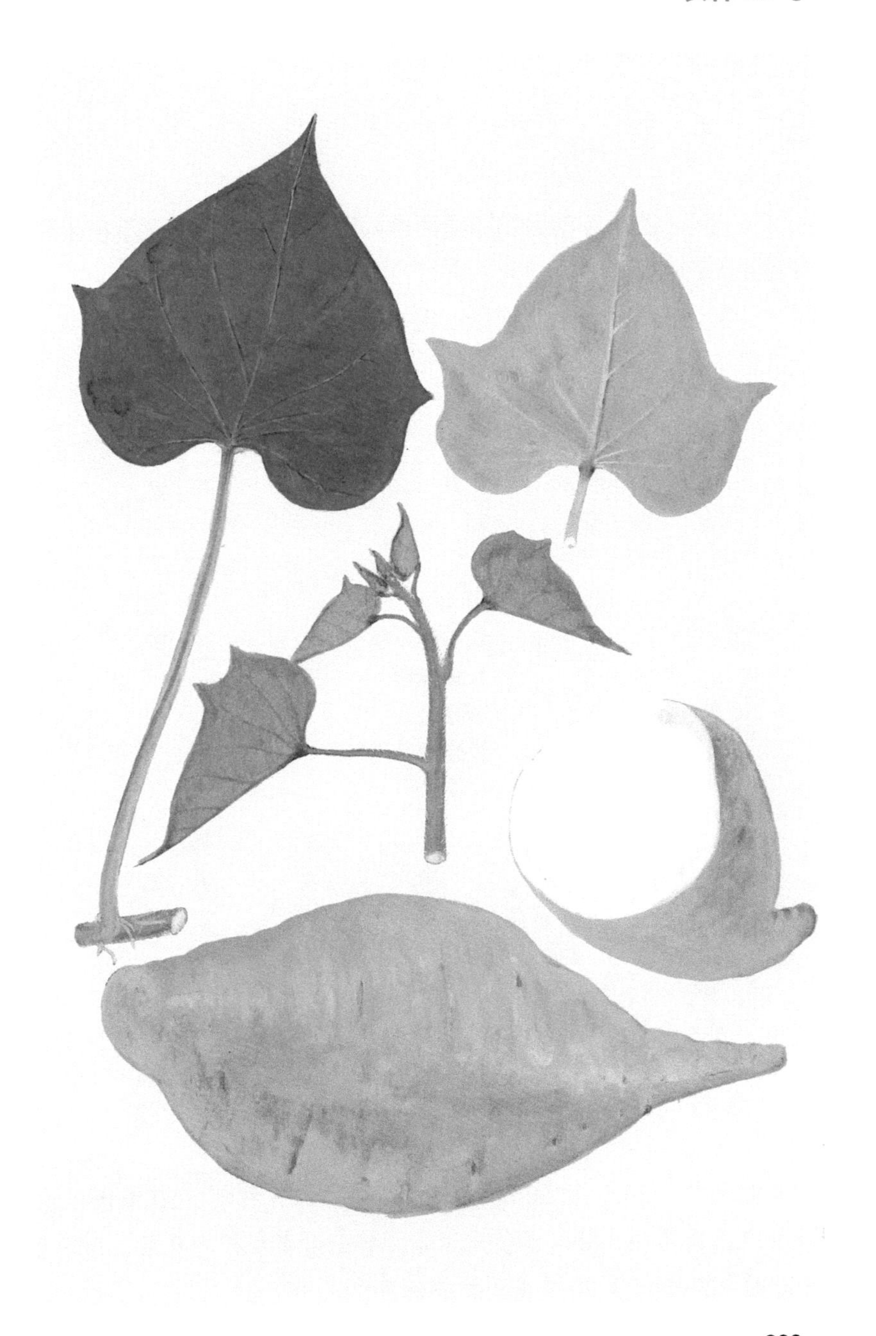

懒汉芋

品种来源 1941年前后和冲绳百号同时引入中国，懒汉芋在山东省兖州一带种植。

别　　名 日本九州、大叶秋、日本品种。

主要特征

叶	叶色	浓绿	顶叶色	绿带褐
	叶大小	较大	叶形	心形或带齿
	叶脉色	微紫	脉基色	紫
茎	茎粗细	粗	茎长短	短
	茎色	紫	顶端茸毛	多
	基部分枝	中	株型	匍匐
薯块	薯形	长纺锤形或下膨长纺锤形	薯块大小	中
	皮色	紫红	肉色	白
	薯皮粗滑	较光滑、无条沟		

主要特性

萌芽性	差	茎叶生长势	强
单株结薯数	较少	结薯习性	迟、集中
自然开花性	不开花	季节型	春夏薯
耐旱性	强	耐湿性	中
耐肥性	强	烘干率	34.9%
熟食味	上	淀粉率	21.92%
鲜薯产量	低	可溶性糖	6.06%
耐贮性	中	粗蛋白	1.72%
抗病虫性	较抗茎线虫病，重感黑斑病及根腐病		

栽培及其他 20世纪50年代在山东省南部有种植，60年代以后被新育成的品种代替。作优质亲本，曾先后育成群力2号、烟薯2号、济427和广薯70-9优质抗病新品种。

懒汉芋

胜利百号

品种来源 1927 年在日本冲绳岛以“七福 × 潮洲”杂交选育而成，1934 年定名推广，原名冲绳百号，1941 年引入我国大连。1947 年又经台湾引入南京，抗战胜利后定名胜利百号。

主要特征

叶	叶色	绿	顶叶色	淡绿
	叶大小	中	叶形	浅单缺刻，也有心脏形，变化较多
	叶脉色	淡绿至微紫	脉基色	紫红
茎	茎粗细	中	茎长短	中
	茎色	紫	顶端茸毛	中
	基部分枝	多	株型	匍匐
薯块	薯形	下膨纺锤形	薯块大小	大
	皮色	粉红	肉色	淡黄
	薯皮粗滑	较光滑	条沟	少有条沟

主要特性

萌芽性	中	茎叶生长势	强
单株结薯数	中	结薯习性	迟、集中
自然开花性	不开花	季节型	春薯型
耐旱性	强	耐湿性	较强
耐肥性	中	切干率	（春薯烘干）25% 左右
熟食味	中上	鲜薯产量	较高
抗病虫性	较抗蔓割病，不太抗黑斑病，易感根腐病，苗床有病毒病		

栽培及其他 该品种引入我国后，首先栽培于东北南部和华北各地，很快发展到华中、华东、西南及西北等地，成为我国推广面积最大的一个品种，生产中利用达 30 年之久。一般亩产 1 500 kg 左右，高产可达 4 000 kg。目前栽培面积仍然很大，今后要重视品种提纯复壮工作。

护　国

品种来源　从日本引入中国。

别　　名　日本头

主要特征

叶	叶色	绿	顶叶色	淡褐
	叶大小	小	叶形	心脏形，或带齿
	叶脉色	微紫	脉基色	紫
茎	茎粗细	较细	茎长短	长
	茎色	淡紫褐	顶端茸毛	少
	基部分枝	较多	株型	匍匐
薯块	薯形	短纺锤或球形	薯块大小	较大
	皮色	黄	肉色	淡黄
	薯皮粗滑	光滑、无条沟		

主要特性

萌芽性	中	茎叶生长势	中
单株结薯数	较少	结薯习性	迟、不集中
自然开花性	不开花	季节型	春薯
耐旱性	强	耐湿性	差
耐肥性	中	烘干率	26.8%
熟食味	上	耐贮性	中
鲜薯产量	低		
抗病虫性	感黑斑病，重感根腐病		

栽培及其他　20世纪四五十年代在生产中栽植利用，薯块偶有球形大块很喜人。后来退化很快，块变小亩产很低而不再利用。该品种高淀粉性状遗传力较强，可作育种亲本试用。

内 原

品种来源 从日本引入中国。

主要特征

叶	叶色	绿	顶叶色	紫褐
	叶大小	中	叶形	心形带齿
	叶脉色	淡绿	脉基色	微紫
茎	茎粗细	粗	茎长短	中
	茎色	绿	顶端茸毛	多
	基部分枝	中	株型	匍匐
薯块	薯形	纺锤形	薯块大小	中
	皮色	淡红	肉色	浅黄红花晕
	薯皮粗滑	较光滑、无条沟		

主要特性

萌芽性	好	茎叶生长势	中
单株结薯数	较少	结薯习性	集中
自然开花性	不开花	季节型	春夏薯
耐旱性	较差	耐湿性	强
耐肥性	较强	烘干率	31.5%
熟食味	中	耐贮性	好
鲜薯产量	中		
抗病虫性	高抗茎线虫病，较抗黑斑病，重感根腐病		

栽培及其他 生产中很少利用，科研单位作品种资源保存，育种作杂交亲本试用。